第二次青藏高原综合科学考察研究
森林和灌丛生态系统与资源管理（2019QZKK0301）资助

青藏高原
森林和灌丛调查规范

郭　柯　宋创业　刘长成 ◎ 编著

中国林业出版社
China Forestry Publishing House

图书在版编目（CIP）数据

青藏高原森林和灌丛调查规范 / 郭柯，宋创业，刘长成编著 . -- 北京：中国林业出版社，2022.10

ISBN 978-7-5219-1662-1

Ⅰ . ①青… Ⅱ . ①郭… ②宋… ③刘… Ⅲ . ①青藏高原 – 森林植被 – 调查 – 规范②青藏高原 – 灌木林 – 调查 – 规范 Ⅳ . ① Q948.15-65

中国版本图书馆 CIP 数据核字 (2022) 第 079457 号

审图号：GS 京（2022）0415 号

责任编辑　于界芬　于晓文　　　　　**电话**　（010）83143542

出版发行　中国林业出版社有限公司
　　　　　　（100009 北京西城区德内大街刘海胡同 7 号）
网　　址　http://www.forestry.gov.cn/lycb.html
印　　刷　河北华商印刷有限公司
版　　次　2022 年 10 月第 1 版
印　　次　2022 年 10 月第 1 次印刷
开　　本　700mm × 1000mm　1/32
印　　张　3.75
字　　数　120 千字
定　　价　68.00 元

前　言

"不以规矩，不能成方圆"典出《孟子·离娄上》，引申为做任何事情都要遵循一定的法则和准绳。对于植被调查来说，同样要遵守一定的规矩、规范。植被调查包含着一个复杂的系统工序，涉及样地选择、样方设置、群落调查、性状测量、物种鉴别、地理信息及调查数据记录、理化分析、数据处理等系列过程，任何一个环节出问题，都会影响数据的质量以及后续分析结果的可靠性。因此，植被调查的规范化越来越受到重视，有关植被调查科研人员和行业部门制定了一系列的植被调查的规范，如方精云等（2009）制定了《植物群落清查的主要内容、方法和技术规范》，吴冬秀等（2019）编制了《陆地生态系统生物观测指标与规范》、林业部门制定了行业标准《森林植被分类、调查与制图规范》（LY/T 3128—2019）。这些规范和标准在科研以及行业中得到了一定的推广和应用，极大地促进了植被调查的规范化。然而，每个调查规范都针对特定目的，因而彼此常存在一定的差异。

"森林和灌丛生态系统与资源管理"专题（以下简称"森林灌丛专题"）是"第二次青藏高原综合科学考察研究"的专题之一，承担青藏高原森林和灌丛考察和研究的重任。森林灌丛专题调查和研究的内容涉及森林和灌丛的分布与格局、结构和功能等多个方面，加之森林和灌丛结构复杂，参加单位和人员众多（专题参加单位14家、科考人员300余人），亟需一套"规范"来指导各个参加单位的植被调查工作，在调查指标、内容、技术和方法等方面做到一致，保障植被调查数据的质量。鉴于此，森林灌丛专题组织了植被调查与研究领域的研究人员，在已有的调查规范的基础上，针对青藏高原森林和灌丛的特点以及专题研究的需要，制定了《青藏高原森林和灌丛调查规范》，用以指导专题的植被调查工作。

本规范包括四章内容：第一章为概述，主要介绍本规范编制的意义、青藏高原边界和调查片区划分、调查网格设置、规范中涉及的专业术语和定义以及规范中推荐使用的软件工具和专业词库。第二章为植被调查规范，是本规范的核心内容，包括断面设置与垂直带谱特征的调查、样地设置与调查、样点设置与调查、调查轨迹记录、植被影像拍摄与命名规范、植物标本采集、压制与数字化、土壤调查与取样规范等多个内容。同时，本章介绍了一些新的信息化技术和设备在植被调查中的应用，如无人机植被图片拍摄、野外调查软件（如"两步路 户外助手"APP）等。第三章是数据质量控制规范，主要是数据表内容和数据表结构的规范。需要说明的是，本章的数据质量控制规范主要是针对数据表本身，不涉及野外调查过程中各个操作环节的质量控制规范，野外调查过程中各个操作环节的质量控制规范主要在第二章中进行阐述。第四章是激光雷达在植被调查中的应用，主要介绍基于无人机的激光雷达和地面背包式激光雷达探测技术在森林和灌丛样地调查中的应用。

本书由郭柯、宋创业、刘长成共同主持编写，负责大纲设计和全书统稿，参加编写人员6人。各章编写人员如下：第一章，郭柯、宋创业、刘长成、乔鲜果；第二章，乔鲜果、宋创业、刘长成、王孜、赵利清；第三章，宋创业、郭柯、刘长成、乔鲜果；第四章，胡天宇、郭庆华、苏艳军。中国科学院成都生物研究所胡君博士提供了书中部分彩色植被照片。

本规范主要服务于"第二次青藏高原综合科学考察研究"任务三"生态系统与生态安全"中"森林和灌丛生态系统与资源管理"专题。本规范也可以给从事植被生态学、地理学研究的科研人员以及农业、林业、水利、环保等行业中从事森林和灌丛调查的技术和研究人员提供参考。

由于编者水平有限，书中错误和疏漏难免，希望使用者提出宝贵意见和建议，以便进一步修订和完善（邮件发送至 songcy@ibcas.ac.cn）。

《青藏高原森林和灌丛调查规范》编写组

2021年4月于北京

目　录

概　述

青藏高原具有独一无二的地理特征，其生物多样性丰富、独特，自然状态保存相对完整，深刻影响着周边地区的生态系统，是亚洲乃至全球重要的生态系统单元和区域重要的生态安全屏障，针对青藏高原生态系统的科学考察研究意义重大。

森林和灌丛是青藏高原生物多样性最丰富、群落结构最复杂、生态系统功能和服务价值最大的生态系统类型。根据《中华人民共和国植被图（1∶100万）》的数据，青藏高原中国境内的森林和灌丛的分布面积约占总面积的20%（图1-1）。20世纪50年代以来，老一辈植被科学家对青藏高原进行了广泛调查，特别是1973年以来分阶段对西藏、横断山地区、昆仑山—喀喇昆仑山地区、青海可可西里地区等组织过大型综合科学考察，农、林等有关部委也先后组织过许多次自然资源调查和综合及专业的区划研究，获得了大量的基础数据，为全面掌握青藏高原森林和灌丛资源本底奠定了

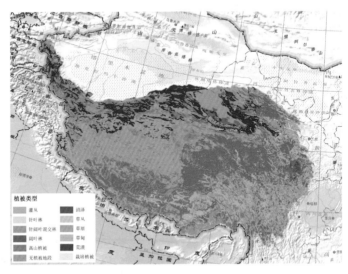

图1-1 青藏高原植被分布

注：植被类型数据来源于《中华人民共和国植被图（1∶100万）》

重要基础。但是，限于当时的道路条件和调查技术手段，以往植被调查涉足范围有限，难以深入到交通极度困难的高山深谷地区，未能全面覆盖森林和灌丛的分布地区。同时，由于近些年来人类活动和气候变化的加剧，导致青藏高原植被发生了较大的变化（于伯华等，2009；张戈丽等，2010；丁明军等，2010；Qiao 等，2020），其森林和灌丛的类型、分布范围及其地域分异规律、物种组成、群落结构和生态功能以及变化趋势等仍不清晰，不能满足植被资源科学管理及区域生态系统评估、自然保护与生态建设、区域社会与经济发展决策等方面的需求。因此，"第二次青藏高原综合科学考察研究"专项设置了"森林和灌丛生态系统与资源管理"专题，负责完成青藏高原森林和灌丛生态系统的考察任务。此次植被调查覆盖青藏高原全域，不仅要为摸清森林和灌丛的类型、物种组成、群落结构和功能、地理分布格局提供大量基础调查数据，还要分析和探索青藏高原森林和灌丛的变化趋势及其变化的驱动机制，为科学利用和保护自然资源、开展生态治理、促进生态安全建设等服务。

"森林和灌丛生态系统与资源管理"专题由中国科学院植物研究所、中国科学院成都生物研究所、中国科学院青藏高原研究所、中国科学院地理科学与资源研究所、兰州大学、北京大学、南京林业大学、北京林业大学、内蒙古大学、成都理工大学、西藏农牧学院、重庆师范大学、甘肃省林业科学研究院、甘肃自然能源研究所等 14 家单位承担。参与野外森林和灌丛调查的人员众多，且专业背景复杂，如果没有统一的植被调查指标、调查技术规范以及数据标准，植被调查数据的质量无法得到有效的控制和保证。为了落实调查任务和工作方法，有效控制植被调查数据质量，专题组织了一批森林和灌丛植被调查、植物分类、数据管理等方面经验丰富的生态学研究人员，先后于 2019 年和 2020 年开展了两次调查和数据处理的培训，并基于培训材料，编写了《青藏高原森林和灌丛调查规范》，用于指导本次青藏高原森林灌丛专题的野外调查工作。希望通过本规范的编制，加上调查过程中的不断完善，让参与植被调查的人员都能够系统掌握森林和灌丛专题的调查技术规范，使专题的调查工作做到"整齐划一"，从而能从源头开始有效控制数据质量，为青藏高原森林和灌丛资源的调查和变化研究，以及社会、经济和环境发展决策等方面提供可靠的数据支撑。

青藏高原在中国境内部分西起帕米尔高原，东至横断山脉，南自喜马拉雅山脉南缘，北迄昆仑山—祁连山北侧。结合新的矢量数据分析，青藏高原范围为北纬 25°59′37″~39°49′33″、东经 73°29′56″~104°40′20″，边界总长度为 11745.96 km，面积为 254.23 万 km^2。青藏高原范围与界线地理信息系统数据（DOI：10.3974/geodb.2014.01.12.v1）已由张镱锂、李炳元和郑度在 2014 年发表在"全球变化科学研究数据出版系统"，下载网址为 http://www.geodoi.ac.cn/doi.aspx?doi=10.3974/geodb.2014.01.12.v1。

本专题以上述青藏高原范围、边界和统计结果为基础。张镱锂等（2021）重新界定了青藏高原的范围，相关数据发表在"全球变化科学研究数据出版系统"，数据集 DOI：10.3974/geodb.2021.07.10.V1，读者也可以将该数据作为青藏高原边境的标准。

根据青藏高原植被的地理分布格局、行政区划、交通条件以及参与植被调查的部门和科研人员的专业背景等综合因

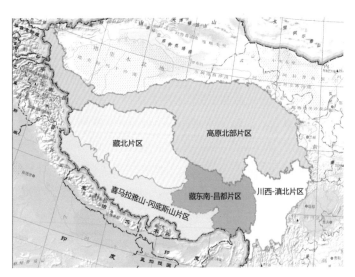

图 1-2　青藏高原森林和灌丛科考片区划分

素，将青藏高原划分为 5 个片区（图 1–2）开展植被调查，包括：喜马拉雅山—冈底斯山片区（代码为 HM）、藏东南—昌都片区（代码为 SE）、川西—滇北片区（代码为 CD）、高原北部片区（代码为 NT）和藏北片区（代码为 ZB）。

喜马拉雅山—冈底斯山片区

覆盖喜马拉雅山区、冈底斯山区和念青唐古拉山西南段，西界和南界以国界为准，东界以雅鲁藏布江和青藏公路为准（途经林芝市巴宜区—工布江达县—达孜县—拉萨市—羊八井镇—当雄县），北界为冈底斯山北坡山麓。

藏东南—昌都片区

西界与喜马拉雅—冈底斯山片区的东界一致，并沿青藏公路向北经那曲市和安多县到青海界，南界以国界为准，东界和北界以省界为准。

川西—滇北片区

包括青藏高原的四川省和云南省部分。

高原北部片区

包含青藏高原的新疆维吾尔自治区、青海省和甘肃省部分。

藏北片区

包括西藏北部高原腹地，南界与喜马拉雅—冈底斯山片区的北界一致，北界、东界和西界以省界和国界为准。

调查网格设置的目的是为了在空间上保证调查样方和样点的代表性，确保重要区域和重要类型不遗漏。不少野外调查工作采用网格法来布设调查样地，如谢宗强等（2019）按照 1∶5 万地形图标准分幅（网格面积 15′×10′）将全国划分为 26293 个网格，然后将这些网格与 1∶100 万植被图中的灌丛进行叠加，从中选取灌丛覆盖度大于 30% 的网格作为样地设置的基础，并结合各个类型灌丛的面积设置调查样地。

青藏高原上高山大川密布、深切沟谷多、地势险峻多变、地形复杂，且交通条件相对较差，很多地方可达性很差，如果完全按照网格来设置样地，很多样地难以到达，可操作性较差。因此，本规范中调查网格设置的目的是对调查样地、样点的设置进行整体质量控制，以确保植被调查样地和样点布局的全面性、代表性和典型性。基于此考虑，本规范分别按照 50 km×50 km 和 20 km×20 km 两种标准设置网格，然后与 1∶100 万中国植被图叠加，筛选出有森林和灌丛分布的网格作为调查的重点网格。全网格和重点网格具体分布情况如图 1–3 和图 1–4。各片区内网格分布情况见表 1–1 和表 1–2。

基于此，本规范对植被样方和样点覆盖网格情况作出如下规定：①全网格：对于 50 km×50 km 的网格，植被调查样地和样点原则上要覆盖所有网格；对于 20 km×20 km 的网格，植被调查样地和样点要覆盖 60% 以上网格。②重点网格（具有森林和灌丛分布的网格）：对于 50 km×50 km 的网格，植被调查样地和样点要覆盖所有重点网格；对于 20 km×20 km 的网格，植被调查样地和样点要覆盖 90% 以上重点网格。

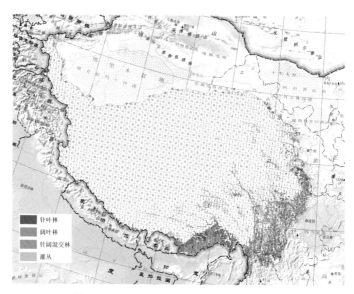

图 1-3　50 km×50 km 网格中森林和灌丛分布情况

注：1 表示有森林和灌丛分布；0 表示没有森林和灌丛分布；植被类型数据来源于《中华人民共和国植被图（1∶100 万）》

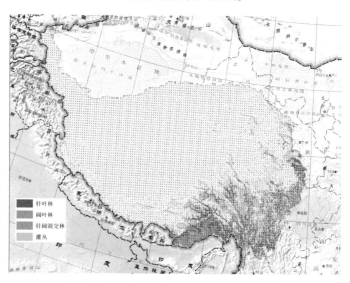

图 1-4　20 km×20 km 网格中森林和灌丛分布情况

注：1 表示有森林和灌丛分布；0 表示没有森林和灌丛分布；植被类型数据来源于《中华人民共和国植被图（1∶100 万）》

表1-1 青藏高原各片区内调查网格分布

片区	50 km网格	20 km网格	
	全网格数	全网格数	60%网格数
高原北部（NT）	539	3020	1812
喜马拉雅山—冈底斯山（HM）	217	1112	667
川西—滇北（CD）	164	850	510
藏东南—昌都（SE）	150	823	494
藏北（ZB）	263	1476	886

表1-2 青藏高原各片区内重点调查网格分布

片区	50 km网格	20 km网格	
	重点网格数	重点网格数	90%重点网格数
高原北部（NT）	218	870	783
喜马拉雅山—冈底斯山（HM）	148	580	522
川西—滇北（CD）	156	793	714
藏东南—昌都（SE）	130	691	622
藏北（ZB）	9	18	16

本规范中相关定义及解释：

森 林

乔木层为优势层，且乔木层盖度通常大于 20% 的植物群落，包括高度大于 5 m、主干明显的丛生竹类为建群种的竹林，以及由于生境特殊（干热和干暖河谷、山顶、石质阳坡等）而生长相对低矮一些的乔木矮林。鉴于青藏高原分布有大面积的疏林（包括垂直带森林上限林线附近的稀疏矮林、青藏高原北部山地较干旱生境中的稀疏矮林、雅鲁藏布江等东南部各主要河流及其支流河谷和横断山地区干热和干暖河谷中较干旱或石质化生境的疏林等），联合国粮食及农业组织（FAO）将森林资源的统计范围确定为乔木层盖度大于 10%（FAO，2010），以及以往植被图中有将这些疏林表达在植被图中的先例，本专题将乔木层盖度在 10%~20% 的植物群落纳入到调查范围，暂作为森林的一种特殊类型——疏林来处理。乔木层盖度低于 10% 的植物群落原则上归属其他层片为建群层片的植物群落类型（如灌丛、草甸、草丛、草原等）。人工幼林早期乔木层盖度偏低，可能无法达到 20%，甚至达不到 10%，但只要在未来 5 年内乔木层盖度能达 20%（疏林 10%）以上，都可作为森林的调查对象，并明确记载为人工林。

灌 丛

以中生性的灌木或肉质具刺植物为主，植株较密集，灌木层覆盖度大于 30% 的植被类型。本专题将灌木层盖度在 20%~30% 的植物群落也纳入到调查范围，暂作为疏灌丛来处理。对于灌木层覆盖度在 10%~20%，但在局部地段分布广泛的植物群落，也可以另外进行调查记载。调查的灌丛不仅包括原生性的类型，也包括人为因素或其他因素影响下较长期存在的、相对稳定的次生灌丛。

专业术语与定义

垂直带谱

指山地或深林河谷中自下而上按一定顺序排列形成的垂直自然带系列。本专题针对的是植被垂直带组成系列。

群 系

在同一个植被型（和植被亚型）下，建群种或主要共建种相同的植物群落联合即为群系。由于有些物种生态幅度较宽，同一个物种为建群种的植物群落，生境存在较大差异，物种组成和群落结构与功能等同时存在较大差异，植物群落也可能分属于不同的植被型或植被亚型，这些植物群落就分别属于各自植被型或植被亚型下的独立群系，如芦苇为建群种的植物群落就有水生植物群落、沼泽和草甸等类型。

样 地

样地是进行植被调查时，选取的能代表植物群落基本特征（如种类组成、群落结构、层片、外貌及数量特征等）的地段。

样 方

植被调查时，在样地中用测绳（杆）围成的一定面积的正方形或者长方形地块，用于调查植物群落物种组成、结构等数量指标。草本植物群落样方大小通常为 1 m × 1 m，灌丛样方通常为 5 m × 5 m，森林样方一般不小于 20 m × 20 m。

样 格

指对样方进行等面积分割形成的地块，如样方面积为 20 m × 20 m，进一步划分为 4 个 10 m × 10 m 的地块，这 4 个 10 m × 10 m 的地块就是样格，也可以称为二级样方（通常也称为小样方）。

样 点

指为了快速获取大量植被类型及其空间分布数据，再配合遥感数据和自然地理要素的综合分析技术，全面掌握区域植被类型组成及其空间分布格局，采用路线调查和借助于卫星地图、"两步路 户外助手"等技术手段，快速记录植被群系类型、分布等必要信息，以及主要群落特征、海拔高度、地形、人类活动影响等其他信息的经纬度点。样点可以是实地调查时所到达的具体位置，也可以是借助无人机验证过植被类型的一个点，还可以是通过影像的比较和分析，并借助于附近植被分布格局确定的一个点。

基 径

植株贴近地面的茎秆直径。对于横截面非近圆形的茎，可以用截面南北向和东西向的平均值，或者用截面长轴向及垂直于长轴向的平均值。

胸 径

指位于离地面 1.3 m 高处的树木直径。横截面非近圆形的树干，可采用横截面上两个垂直向的平均值。

密 度

一定面积样方中的植物个体数量。

盖 度

植物地上部分垂直投影面积占样方面积的百分比。

株 高

从地面到植物茎叶最高处的垂直高度。

枝下高

树干上第一个一级分枝以下的高度。该枝条通常指仍然生长着叶片并具有较重要功能的主要枝干，大部分是植物主干还是当年生或 2 年生枝条时生长出来的，在树冠形成后才从主干上萌生出来的小枝条一般不算在内。

本规范推荐使用系列软件以提升野外调查和数据处理的效率，主要有"两步路 户外助手""绿途"以及"ExcelToKml""geosetter.exe""批量提取照片 GPS 信息""一键提取当前文件夹内所有文件的文件名 .bat"等小软件。其中，"两步路 户外助手"和"绿途"为免费软件，可以在网上免费下载使用。"ExcelToKml""geosetter.exe""批量提取照片 GPS 信息""一键提取当前文件夹内所有文件的文件名 .bat"等小软件均为长期从事植被、植物调查的学者开发并无偿分享给从事野外调查的人员使用。另外，为了方便植物物种中文名、学名以及植被类型名称的录入，本规范提供了"中国植被分类系统词库 V2.0 20200319.txt""搜狗中国高等植物学名词库 V20110101.txt""CFH 常用中文名手机百度输入法词库 20141015 天南星 .txt"等词库文件，供大家使用。"ExcelToKml""geosetter.exe""批量提取照片 GPS 信息""一键提取当前文件夹内所有文件的文件名 .bat"等小软件以及"中国植被分类系统词库 V2.0 20200319.txt""搜狗中国高等植物学名词库 V20110101.txt""CFH 常用中文名手机百度输入法词库 20141015 天南星 .txt"等词库文件均已经放在百度网盘，供大家下载使用，下载地址为 https://pan.baidu.com/s/1KHBrPoa6aSt1kSDccrYIhg，提取码 boxc。

植被调查规范

2.1.1 设置标准

青藏高原地势高耸、地形复杂，森林和灌丛主要分布在高原周边山地，并呈现极有规律的垂直分布格局。典型垂直带断面调查旨在全面掌握青藏高原植被分布的格局，尤其是不同地段植被在不同海拔、坡向等环境梯度上的分布规律。因此，要求垂直带断面总体布局相对均匀，能覆盖全区森林和灌丛分布的主要区域。

原则上，沿调查线路每 50 km 左右应设置不少于一个断面，或者 50 km × 50 km 网格范围内应设置一个断面（考虑到青藏高原交通线路相对稀少、高大山体较多等因素，具体考察时可以适度掌握）。断面应尽量垂直于山脉走向，或者垂直于河谷走向，或者于山峰的南北或东西方向设置，由最基部延伸到高山稀疏植被带（冰缘植被）。

每个断面一般记录 2 个垂直带谱，如阴坡和阳坡的垂直带谱、东北坡和西南坡的垂直带谱、东坡和西坡的垂直带谱等；单面山设置的断面可记录 1 个垂直带谱。

垂直带谱调查要记录垂直带谱各带的植被群系类型及其主要特征、分布上限高度和下限高度、主要地貌特征（坡向、坡度、坡形等）信息（具体见 2.1.2 节），拍摄垂直带谱的总体景观照片和各植被带的群落外貌照片等影像资料。在人难以到达的地方，可以用无人机或者借助卫星影像判别和确定带谱边界及其海拔幅度。原则上，各带谱的典型植被类型至少设置一个样地进行详细的样方调查。

2.1.2 调查内容

垂直带的调查内容记入垂直带调查表中（表 2–1）。

表 2-1 垂直带调查表

垂直带编号 _____　　垂直带照片编号 _____

调查人 _____　　调查日期 _____ 年 ___ 月 ___ 日 ___ 时

调查地点 _____ 省 _____ 市 _____ 县 _____ 乡/镇 _____ 村 _____

垂直带基部：经度（°）_____ 纬度（°）_____ 海拔（m）_____

植被类型（群系）	最低海拔（m）	最高海拔（m）	坡位	坡向（°）	坡度（°）	平均高度（m）	平均盖度（%）	照片编号	备注

垂直带谱示意图（分不同坡向）

垂直带编号

采用"片区编号＋队伍编号＋调查日期＋当日断面顺序码＋a/b"的方式表达。片区编号详见第 1 章 1.2 部分。每个片区不同的调查队伍用带队人姓名的小写全拼代表，如 guoke。调查日期使用年月日连续 8 位数字表达，如 20190512。"当日断面顺序码"是当天调查的第几个断面，第一个编码 V1，第二个编码 V2 等。"a/b"表示一个断面的两个垂直带。如一天内没有完成的垂直带，可以沿用前一天的垂直带编号。

例如，藏东南—昌都片区郭柯带队的调查队 2019 年 5 月 12 日调查的第一个垂直带的编号是 SEguoke20190512V1a。

断面照片编号

在该垂直带上拍摄的照片的编号，照片编号规则见 2.5.2 部分。

调查人和调查时间

填写实际的调查人及时间（时间具体到日期和小时，方便后期对照片和影像资料的背景情况的分析）。

调查地点

按照省、市、县、乡／镇、村的具体位置填写。野外调查时不熟悉行政隶属关系的可以暂时不填，以后可通过经纬度借助地图确定。

垂直带基部的经度、纬度、海拔高度

垂直带最低端（沟谷、坡麓等）的位置信息，经纬度以"度"为单位表示，精度至少保留小数点后 4 位数字，如 103.4183。

植被类型

记录垂直带上存在的不同植被类型，植被类型尽量记录群系级别的分类单元，如确实判别不到群系级别，可记录到植被群系组或植被亚型等。对每个植被类型记录群落平均高度、平均盖度、垂直带分布的海拔幅度（最高海拔、最低海拔）、坡位、坡向、坡度和照片编号等信息。

关于植被群系名称

群系名称通常直接用建群种名称命名。为避免生态幅度较宽泛的物种在不同植被类型中都是建群种而产生混淆，应附加限定性词语加以区分。由共建种组成的植物群系，共建种名称之间用加号"+"相连（郭柯等，2020）。

植物群落物种组成和结构

设置样地，采用样方调查的方法记录垂直带谱上典型植物群落类型的物种组成、株数、高度、盖度、乔木胸径、灌木基径等信息，样地和样方设置、调查内容和调查方法参照本规范 2.2 部分的内容。

坡位

按照谷地、坡下部、中下部、中部、中上部、上部、山顶、山脊等记录。

坡度

用地质罗盘测定，坡度记录为 0°~90°。

坡向

记录为 0°~360°。

垂直带谱示意图

在现场或后期根据调查记录的数据，对不同坡向的垂直带谱进行绘制，可以采用图 2-1 至图 2-3 的任意一种方式进行绘制。

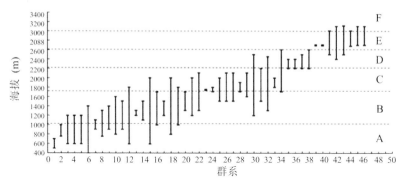

图 2-1　神农架海拔梯度垂直带谱示意(马明哲等, 2017)

注: 大写英文字母对应各垂直带: A.亚热带常绿阔叶林带; B.亚热带常绿落叶阔叶混交林带; C.暖温带落叶阔叶林带; D.温带针阔混交林带; E.寒温带针叶林带; F.亚高山灌丛草甸带。
横坐标数字对应群系: 1.蜡梅灌丛; 2.楠木、小叶青冈为主的常绿阔叶林; 3.马桑、毛黄栌灌丛; 4.马尾松、栓皮栎林; 5.杉木林; 6.栓皮栎林; 7.香叶树、小叶青冈、化香树、亮叶桦林; 8.马尾松林; 9.尖齿高山栎灌丛; 10.曼青冈、水丝梨、巴东栎、青冈林; 11.乌冈栎、岩栎、鹅耳枥、化香树林; 12.野核桃林; 13.栓皮栎、锐齿槲栎、茅栗林; 14.巴东栎、曼青冈、亮叶桦、化香树林; 15.刺叶栎林; 16.短柄枹林; 17.茅栗林; 18.巴山松林; 19.亮叶桦、化香树、鹅耳枥林; 20.华山松、糙皮桦林; 21.锐齿槲栎林; 22.秦岭冷杉林; 23.川榛、鸡树系荚莲、湖北海棠灌丛; 24.薹草、地榆、香青、血见愁老鹳草草甸; 25.野漆树、锐齿槲栎、灯台树、化香树林; 26.芒、蕨菜丛; 27.美丽胡枝子、绿叶胡枝子灌丛; 28.薹草、葱状灯芯草、长叶地榆、柳兰沼泽沼化草甸; 29.华山松、锐齿槲栎林; 30.华山松林; 31.米心水青冈林; 32.秦岭冷杉、青杆林; 33.锐齿槲栎、米心水青冈、红桦林; 34.红桦林; 35.华山松、山杨、红桦林; 36.华山松、山杨林; 37.中华黄花柳、华中山楂、湖北花楸灌丛; 38.巴山冷杉、红桦、槭类林; 39.杯腺柳灌丛; 40.直穗小檗灌丛; 41.箭竹灌丛; 42.平枝栒子灌丛; 43.巴山冷杉林; 44.粉红杜鹃灌丛; 45.香柏灌丛; 46.印度三毛草、紫羊茅、糙野青茅草甸。

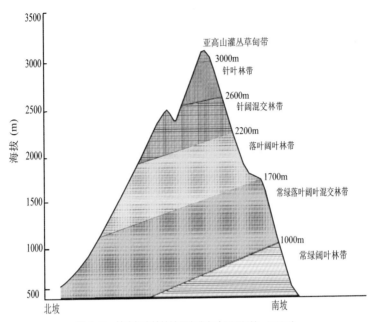

图 2-2　神农架山地植被垂直分布（马明哲等，2017）

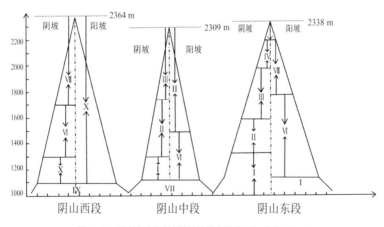

图 2-3　阴山山脉主脊南翼植被垂直带谱示意(陈龙，2016)

注：I. 典型草原带；II. 温性针叶林带；III. 落叶阔叶林带；IV. 寒温性针叶林带；V. 亚高山灌丛、草甸带；VI. 山地疏林、灌丛带；
　　VII. 山地典型草原带；VIII. 荒漠草原带；IX. 草原化荒漠带；X. 山地荒漠草原带。

2.2.1 样地位置选择

样地位置选择极为关键，关系到调查样方的代表性和调查数据的科学价值。为保证调查数据的代表性和可靠性，样地选择必须高度重视，应遵循以下原则：

（1）样地设置应尽量靠近所调查植被类型的中心位置或最具有代表性的地段，避免将样地设置在该类型的边缘，或两个类型的过渡地带。

（2）样地设置要尽量杜绝选在受人类活动强烈干扰的地段，应远离村庄、公路、牧道、矿区，除非要调查这些受人为活动影响的植被类型等。

（3）样地的生境，特别是地形和土壤，要尽量一致。

（4）样地内的物种组成、群落结构和生境相对均匀一致，群落结构要完整，层次分明。

（5）样地尽量选择群落连片分布、斑块面积原则上不小于 100 m × 100 m 的区域。对于分布面积确实较小或者分布条带比较狭窄的类型，也要尽量避免边缘，确保样地四周能够有 10 m 以上的缓冲区。

（6）除依赖于特定生境的群落外，一般选择平（台）地或缓坡上相对均一的坡面，避免坡顶、沟谷或复杂地形。

（7）对于分布在特殊地理环境地段的植被类型（如沟谷林、流水线灌丛、坡脚灌丛、山脊矮林或灌丛等），也要尽量选择面积大的斑块中间或最具有代表性的地段。

2.2.2 样方设置

2.2.2.1 森林样方设置

样方位置的原点确定以后，以罗盘仪确定样方的四边，闭合误差应在 0.5 m 以内。样方的长和宽的规格应为 10 m 的整倍数。方精云等（2009）建议森林样方的面积为 20 m × 30 m。考虑到青藏高原深切沟谷较多，本规范中设置的样方大小一般应不小于 20 m×20 m，也可根据实际情况设置规格更大的样方，如 20 m×30 m、30 m×50 m 或 50 m×50 m 等。

（1）乔木层调查。为方便调查和更好地了解植物分布的均匀程度等信息，将样方划分为边长为 10 m 的正方形样格，以样格为基本单位进行乔木每木调查。样方面积有大有小，但样格的面积是固定不变的，特指 10 m×10 m 的小样方。

（2）灌木层调查。灌木层样方嵌套在乔木调查样格内，大小为 5 m×5 m，对于林下灌丛较为稀疏的样地，灌木调查可以在 4 个样格内进行。

（3）草本层调查。草本层样方嵌套在灌木层样方内，大小为 1 m×1 m，林下草本层稀疏的样地，可以在灌木层样方或者样格内进行草本调查。

（4）附生植物和藤本植物的调查以乔木样格为单位，即在 4 个 10 m×10 m 的乔木层样格内调查。

以 20 m×20 m 的样方为例（图 2-4），切分为 4 个 10 m×10 m 的乔木层样格，T1~T4 为样格编码。在乔木层样格的 4 个角设置 4 个 5 m×5 m 的灌木层样方，S1~S4 为灌木层样方编码。同样，在灌木层样方的 4 个角设置 4 个 1 m×1 m 的草本层样方，H1~H4 为草本层样方编码。

对于群落结构简单的人工林，样方可设置为 10 m×10 m，在样方的其中 1 个角设置 1 个 5 m×5 m 的灌木层样方，在灌木层样方的 4 个角设置 4 个 1 m×1 m 的草本层样方。

灌木层样方和草本层样方设置在角区主要是为了利用样格的边界及尺度。如果调查对象或角区的植被比较特殊，灌木层样方和草本层样方具体设置位置也可以根据调查时的实际情况调整。

2.2.2.2 灌丛样方设置

选定灌丛调查样地后，在调查样地内设置灌丛样方 1~3 个（通常是设置灌丛样方 3 个，考虑到人力、物力和时间等因素，可以适度调整）。灌木层样方编码为 S1（如果设置 3 个灌丛样方，灌丛样方编码为 S1、S2、S3）。

灌丛样方大小一般为 5 m×5 m。对于较为稀疏的灌丛，可以设置尺寸更大的样方（如 10 m×10 m）进行调查。

在灌丛样方内沿对角线设置 3 个草本层样方，草本层样方编码为 H1、

H2 和 H3，灌丛和草本层样方分布如图 2-5。若灌丛样方内有乔木分布，则以灌丛样方为单位进行乔木调查。

　　草本层样方大小为 1 m × 1 m，草本层稀疏的样地，可以设置尺寸更大的样方（2 m × 2 m）或者以灌丛样方为单位进行草本调查。

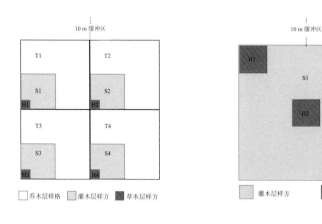

图 2-4　森林样地设置　　　　图 2-5　灌丛样地设置

2.2.2.3 样方面积校正

　　由于森林和灌丛多分布在山地，地表的坡度、起伏等因素导致样方坡面面积之间的可比性较差。为方便不同样地之间的数据比较和分析，本规范中样方面积规定为投影面积。因此，在坡地上围取样方时，要根据坡度对样方的坡向长度进行校正，以保证样方的水平投影面积达到预定标准。可采用公式 $Ls = L/\cos \alpha$ 进行面积校正，其中，Ls 是斜坡上的样方的坡向长度；L 是样地设定的边长；α 是平均坡度。或者查阅样方坡度表确定斜坡上样方的坡向长度（表 2-2）。特殊情况也可使用坡面面积，后期根据坡度计算投影面积。

表 2-2　不同垂直投影长度 L 在不同坡度的坡向长度 L_s

坡度	坡向长度 L_s(m)							
(°)	L=1m	L=2m	L=5m	L=10m	L=20m	L=40m	L=50m	L=100m
2	1.00	2.00	5.00	10.01	20.01	40.02	50.03	100.06
4	1.00	2.00	5.01	10.02	20.05	40.10	50.12	100.24

坡度	坡向长度L_s(m)							
(°)	L=1m	L=2m	L=5m	L=10m	L=20m	L=40m	L=50m	L=100m
6	1.01	2.01	5.03	10.06	20.11	40.22	50.28	100.55
8	1.01	2.02	5.05	10.10	20.20	40.39	50.49	100.98
10	1.02	2.03	5.08	10.15	20.31	40.62	50.77	101.54
12	1.02	2.04	5.11	10.22	20.45	40.89	51.12	102.23
14	1.03	2.06	5.15	10.31	20.61	41.22	51.53	103.06
16	1.04	2.08	5.20	10.40	20.81	41.61	52.01	104.03
18	1.05	2.10	5.26	10.51	21.03	42.06	52.57	105.15
20	1.06	2.13	5.32	10.64	21.28	42.57	53.21	106.42
22	1.08	2.16	5.39	10.79	21.57	43.14	53.93	107.85
24	1.09	2.19	5.47	10.95	21.89	43.79	54.73	109.46
26	1.11	2.23	5.56	11.13	22.25	44.50	55.63	111.26
28	1.13	2.27	5.66	11.33	22.65	45.30	56.63	113.26
30	1.15	2.31	5.77	11.55	23.09	46.19	57.74	115.47
32	1.18	2.36	5.90	11.79	23.58	47.17	58.96	117.92
34	1.21	2.41	6.03	12.06	24.12	48.25	60.31	120.62
36	1.24	2.47	6.18	12.36	24.72	49.44	61.80	123.61
38	1.27	2.54	6.35	12.69	25.38	50.76	63.45	126.90
40	1.31	2.61	6.53	13.05	26.11	52.22	65.27	130.54

2.2.3 森林调查

2.2.3.1 森林样地背景信息

森林样地背景信息的调查内容记入样地背景信息调查表中（表2-3）。

样地编号

采用"片区编号+带队人姓名全拼+调查日期+当日样地顺序码"的方式表达。例如，藏东南—昌都片区郭柯带队的调查队2019年5月12日调查的第一个样地编号是SEguoke20190512P01。

群落类型

使用调查时野外初步确定群系名称，最终确定的群系名称也有可能会发生一些变化。

表 2-3 森林样地背景信息调查表

样地编号 _____ 群落类型 _____

调查人 _____ 调查日期 _____ 年 ___ 月 ___ 日 ___ 时

调查地点 _____ 省 _____ 市 _____ 县 _____ 乡/镇 _____ 村 _____

经度（°）_____ 纬度（°）_____ 海拔（m）_____

地貌类型：（ ）平原（ ）高原（ ）台地（ ）丘陵（ ）洼地（ ）河滩（ ）低山（ ）中山（ ）高山

坡位：（ ）谷地（ ）下部（ ）中下部（ ）中部（ ）中上部（ ）上部（ ）山顶（ ）山脊

坡向（°）_____ 坡度（°）_____ 水分条件或潜水位 _____

枯落物盖度（%）_____ 厚度（cm）_____ 土壤类型、厚度（m）等特征 _____

植被起源：（ ）自然植被（ ）次生植被（ ）人工植被（ ）其他 _____

群落高度（m）_____ 盖度（%）_____ 群落动态 _____

干扰类型 _____ 干扰强度 _____

景观照片/视频 _____ 群落照片/视频 _____ 群落结构照片/视频 _____

垂直结构	层次	高度（m）	盖度（%）	优势种
乔木层	I层			
	II层			
	III层			
灌木层	I层			
	II层			
草本层				
附生植物				
藤本植物				
地被层植物				

突出生态特点: _____

_____

_____

群落周围情况: _____

_____

样方布置示意图

调查人和调查时间

填写实际的调查人及时间（具体到日期和小时，记录到小时有助于事后回顾各样地的情况）。

调查地点

按照省、市、县、乡/镇和村顺序填写，尽量填写详细，方便数据分析和总结时回顾与还原调查时的情景。

经纬度及海拔

用手持式 GPS 测定，经纬度以度为单位，至少保留小数点后 4 位。

地貌类型

按照平原、高原、台地、丘陵、洼地、河滩、低山、中山、高山等实际情况记录。

坡　　位

按照谷地、坡下部、中下部、中部、中上部、上部、山顶、山脊等记录。

坡　　度

用地质罗盘测定，坡度记录为 0°~90°。

坡　　向

记录为 0°~360°。

水分条件或潜水位

记录地表积水情况、群落水分来源是大气降水还是潜水位补给。

土壤特征

记录土壤类型、厚度、质地等信息。

枯落物盖度和厚度

样方内平均枯落物盖度和厚度。

植被起源

按照原始林、次生林、人工林记录。

群落高度和盖度

记录优势层片的高度和平均盖度。

群落动态

包括演替类型（原生演替、次生演替）及所处的演替阶段。

干扰类型

自然（地质灾害、气候灾害）、火烧、放牧、砍伐、工程建设、其他等。

干扰强度

按照无干扰、轻度、中度、重度等记录。

景观照片/视频、群落照片/视频、群落结构照片/视频

填写照片或视频编号。

群落结构

记录乔木层、灌木层、草本层、苔藓和地衣等地被物、层间植物的平均高度、平均盖度及优势物种。按照实际分层情况记录。

突出生态特点

盐碱生境、石质化山坡、沙质基质、严重退化等。

群落周围情况

邻接植物群落状况、道路、河流、地势、房屋等。

样方布置示意图

以图形、文字的形式描述样方在样地中的分布格局。

2.2.3.2 乔木层样格

乔木层的调查内容记入乔木层调查表中（表2-4）。

以乔木样格为单位进行调查，每个样格原则上单独使用一张调查表。

样格编号

采用"样地编号 + 样格编码"方式表达。例如，藏东南 - 昌都片区郭柯带队的调查队 2019 年 5 月 12 日调查的第一个样地的第一个乔木样格的编号是 SEguoke20190512P01T1。

每木检尺起测标准

起测标准为胸径（diameter at breast height，DBH）≥ 3 cm。

样方和样格尺寸

样方规格按照实际尺寸记录，样格规格为 10 m × 10 m。

每木调查

记录样方内出现的全部乔木种，树种的中文名和学名以《中国植物

志》为标准。鉴于当前物种名称有较大变化，调查者如果熟悉并愿意使用《Flora of China》和最新修订的植物名称，也可采用最新的结果。测量所有 DBH ≥ 3 cm 的植株胸径、高度、枝下高和冠幅，记录其存活状态，并记录拍摄照片的编号和采集标本的编号。

调查表

表 2-4　乔木层调查表

（第　　页）

样格编号 ＿＿＿＿＿＿　每木检尺起测标准 ＿＿＿＿＿＿　乔木层照片 ＿＿＿＿＿＿

样方尺寸 ＿＿m×＿＿m　　样格尺寸 ＿＿m×＿＿m　　盖度 ＿＿＿＿％

调查日期 ＿＿＿＿ 年 ＿＿ 月 ＿＿ 日 ＿＿ 时　　调查者 ＿＿＿＿＿＿＿＿＿＿

植物名	胸径（cm）	高度（m）	枝下高（m）	冠幅（m）		照片号	标本号	备注
				X	Y			

　　同时，要记录样地内出现的所有乔木名称，并记入样地物种名录表中（表 2-5）。

名录表

表2-5 样地物种名录表

（第　页）

样地编号 ＿＿＿＿＿＿＿＿＿

调查日期 ＿＿＿＿＿ 年 ＿＿ 月 ＿＿ 日 ＿＿ 时　　调查者 ＿＿＿＿＿＿＿＿＿＿＿＿＿＿

乔木	灌木	草本	附生/寄生植物	藤本植物	地衣	苔藓	备注

关键指标的调查方法要点：

1）胸径（DBH）

（1）测量方法。胸径一般采用胸径尺或游标卡尺直接测定。用普通卷尺测量的，务必准确记录为周长并除以 π（3.14159）后转换成为直径。

（2）注意事项（吴冬秀等，2019）：

① 不同情形下树木胸径的测量位置如图2-6。总的原则：a. 上坡位测量；b. 倾斜 ≤ 45° 时按平行树干方向 1.3 m 处定位；c. 倒木按树干直立时地上 1.3 m 处定位；d. 胸高位置有树枝或结疤，在影响小的 1.3 m 以上或下 30 cm 处定位，备注说明实测胸高位置；e. 出现根蘖繁殖或板根现象时，在根

基向上 1.3 m 处定位。

② 胸径尺和游标卡尺的放置位置应与胸径标记平行重合，紧贴树干。如测量位置出现树皮剥落或翘起，苔藓、藤本或附生植物生长等情况，原则上应先除去或磨平，消除外围影响。

③ 为获取准确的测量数据，可两次在树干上交叉测量取平均值，以减少误差。尤其对于使用游标卡尺测量胸径 10 cm 以下的形状不规则的树干个体时，要求至少垂直交叉测量一次。

④ 边界个体的处理。由于样方相对较小，边界个体的处理会对调查结果产生较大的影响。对于位于样方边界的个体，一般判断原则：如果边界个体的树干 50% 以上位于样方边界内，则应该计数并测量记录；如果边界个体的树干 50% 以上位于样方边界外，则不计入样方。

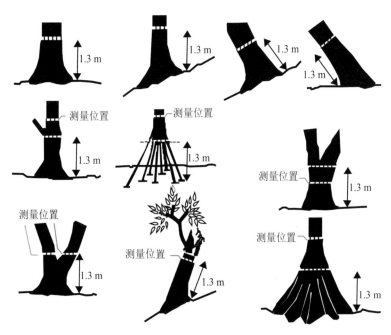

图2-6 胸径测量位置示意（引自Roberts-Pichette & Gillespie，1999）

2）高度

（1）测量方法（吴冬秀等，2019）。

① 目测法。目测一般采取以下两种方法：

a. 积累法：即树下站一人，举手为 2 m，然后以 2，4，6，8，10 往上累计直至树梢；

b. 分割法：即测量者站在距树远处，把树分割为 1/2，1/4，1/8，1/16，如果分割至 1/16 处树高为 1.5 m，则树高可估测为 1.5 × 16=24 m。

② 测高杆法。测高杆比较适合于树干较直的个体，测量人手持测高杆，逐根延伸至顶梢，记录根数，并从最下面读出 1 m 以下的实际刻度，并由另一人在高坡位用望远镜观察、核对测高杆与树梢是否水平。

③ 激光测距仪法。采用激光测距仪来测量树高，其原理是应用激光传输的时间来计算距离，能快速稳定地获得可靠、准确的距离、高度数据。激光测距仪测高要求同时看到在可测量范围的树干和树木顶端。对于林木繁茂或冠层特高而不易对准树梢的森林，通常也可以目测树干 1/2 高处的位置，用激光测距仪测定该高度后再乘以 2 获得树高数据。

（2）注意事项。

① 异常木的树高测定。如果遇到非直立树高测量时需要进行调整，总的原则：a. 最高点以树木最高处的顶芽为准；b. 树木斜生或弯曲时，树高测量是测量树木的实际长度，而非垂直高度。

② 目测树高的注意事项：

a. 目测树高与观测人员的经验有很大关系。因此，不仅要保证调查人员固定，而且要加强对调查人员的实践训练，培养其对树高目测的感性认识，以增加经验、减少误差、提高准确性。

b. 选取适当的参照物。利用方便测量的个体，如已知高度的电线杆、观测铁塔等作为参照物进行树高的估计。

c. 在能看清楚树冠的地方进行目测。在山地，植株密度较大、视线不佳、看不到树梢的情况下，可站在高坡位用望远镜核对。

d. 调查人员站位与被测树木距离不宜过大或过小。一般是水平距离与树高大约相等或稍远些，即观测树梢的迎角最好在 45° 左右，否则会产生较大误差。在坡地上测树高，调查人员最好与被测树木处在等高和稍高位置。

3）枝下高

（1）测量方法。枝下高采用目测法或者测高杆法，具体测量方法同树高测量。

（2）注意事项：

① 一级干枝：指从树木主干上直接分出来的大枝条，通常是生长早期顶生主枝上直接萌发形成的。树冠形成后再在树干上萌生出来的小枝条不算。

② 倾斜树木：沿树干测量一级分枝处至树木基部的直线距离，不是一级分枝处至地面的垂直距离。

③ 基部分叉的树木：基部分叉的树木，作为两个独立的树木处理，分别测量两个分叉的枝下高。

4）冠幅

（1）测量方法。分别测量树冠的长轴长度和短轴长度。

（2）注意事项。树冠边缘的确定是冠幅测量的关键。在确定树冠边缘时特别要注意相邻树木枝叶的干扰，尤其是同一种类树木枝叶的干扰。

2.2.3.3 灌木层样方

灌木层样方的调查内容记入灌木层调查表中（表 2-6）。DBH<3 cm 的幼树，也记入灌木层调查表中。灌丛群落中若有个别乔木，也需进行每木调查，记录在灌木层调查表中，一定要标注清楚。

以灌木层样方为单位，尽量每个样方单独使用一张调查表。

样方编号

采用"样地编号 + 样方编码"方式表达。例如，藏东南—昌都片区郭柯带队的调查队 2019 年 5 月 12 日调查的第一个样地的第一个乔木样格中的灌木层样方的编号是 SEguoke120190512P01S1。

样方尺寸

灌木层样方规格 5 m × 5 m。

分种调查

调查样方内每种灌木的最大高度、平均高度、最大基径、平均基径、株丛数和盖度，并记录拍摄照片的编号和采集标本的编号。

调查表

表 2-6　灌木层调查表

（第　　页）

样方编号 _____ 样方尺寸 ____m × ____m　盖度 ____%　灌木层照片 _____

调查日期 _____ 年 ___ 月 ___ 日 ___ 时　调查者 _____

植物名	最大高度（m）	平均高度（m）	最大基径（cm）	平均基径（cm）	株丛数	盖度（%）	照片号	标本号	备注

　　对于森林群落，要记录乔木样格内出现的所有灌木植物名称，记入样地物种名录表中（表 2-5）。

　　关键指标的调查方法要点：

　　1）基径

　　（1）测量方法。基径一般采用游标卡尺直接测定，基径较大的灌木可以使用胸径尺测量。

　　（2）注意事项：

　　① 最大基径：直接选择样方中最大基径的植株测量最大基径。难以判

断最大者时，可以测量样方中 3 株目测最大基径，记载其中的最大值。

② 平均基径：直接测量样方中目测的平均大小植株的基径。难以判断平均大小个体时，可以分别选取大、中、小三类，各测 2~5 株，然后求其平均值。

2）高度

（1）测量方法。中、小灌木可直接用钢卷尺测量，较高大的灌木可以使用测高杆测量。

（2）注意事项：

① 最大高度：直接选择样方中最大高度的植株测量最大高度。难以判断最高者时，可以测量样方中 3 株目测最高植株，记载其中的最大值。

② 平均高度：要分别选取高、中、低三类植株，每个类别取 2~5 株植株测量，求其均值。

3）盖度

（1）测量方法。采用目测的方法来测量盖度，也可以把灌木的植冠看作是一个椭圆，测量植冠的长半轴和短半轴，计算椭圆面积，然后再计算植冠总面积占样方面积的比例，从而得到灌丛的盖度。

（2）注意事项：

① 采用目视估测方法要求估测的人具有丰富的经验，最好有 3 人以上先独立估测，然后交换意见后每个人修正自己的估测值，最后求均值。

② 通过灌木树冠的长半轴和短半轴计算椭圆面积的方法得到灌丛盖度的方法可能会夸大灌丛的盖度，尤其是对于枝叶较为稀疏的灌木。

2.2.3.4 草本层样方

草本层样方的调查内容记入草本层样方调查表中（表 2–7）。高度小于 25 cm 的乔木或灌木幼苗归入草本层样方进行调查。

以草本层样方为单位，每个样方单独使用一张调查表。森林的草本植物调查最少需要 4 张调查表（每个样格中的草本样方 1 张），灌丛的草本植物调查最少需要 3 张调查表（每个草本样方 1 张）。

样方编号

采用"样地编号 + 样方编码"方式表达。例如，藏东南—昌都片区郭柯带队的调查队 2019 年 5 月 12 日调查的第一个样地的第一个乔木样格中的草本植物调查样方的编号是 SEguoke20190512P01H1。

样方尺寸

草本层样方规格 1 m × 1 m。

分种调查

调查样方内每种草本植物的最大高度、平均高度、株丛数和盖度，并记录拍摄照片的编号和采集标本的编号。记录样地内出现的所有草本植物名称（包括未出现在调查样方中的），记入样地物种名录表中（表2-5）。

盖度调查方法要点：

（1）测量方法。盖度常用目测法估计，并以百分数表示。

除了目测法以外，还有图解样方法和样点截取法（宋永昌，2001）。

表 2-7　草本层调查表

（第　　页）

样方编号 _____ 样方尺寸 ___m × ___m　盖度 ___%　草本层照片 _____

调查日期 _____ 年 ___ 月 ___ 日 ___ 时　调查者 _____

植物名	最高（cm）	均高（cm）	株丛数	盖度(%)	照片号	标本号	备注

① 图解样方法要在植物群落地段内设置一定面积的样框（一般为 $1m^2$），其中分隔成许多相等的小块，并加以坐标编号；另用坐标纸在上面按比例定出样框边线，这样每株植物冠幅及基部枝条的轮廓所占的面积就可以十分精确地描绘在坐标纸上。

② 样点截取法是用一特制的点频度框架，其上安装若干金属针钎，将这些针钎从植冠伸到地面，记载测针所触及的各个种的个体，同时注明每个种被触及的次数，重复设置若干次，一般认为记录到 200 个样点，据此计算出盖度，就可以获得较满意的结果。但该方法对操作的要求很高，实际应用过程中往往因为观测不合理而过高估计盖度值。

另外，还可以采用数码相机垂直向下对植被拍照，获取植物群落的照片，利用 Photoshop 软件或者其他软件（如 SamplePoint）提取出植物组分，进而计算出植被盖度。

（2）注意事项：

① 目测法是一种主观性判断方法，不同人的目测结果可能会有较大的差异。因此，要求目测人员具有丰富的植被野外调查经验，在野外调查中最好由 3 人分别目测，求均值。具体过程参考灌丛样方调查的相应内容。

② 用于盖度分析的数码照片最好在阴天、多云天等没有阳光直接照射的情况下拍摄，尽量减少阳光照射对分析结果的影响。在无法避免阳光照射的情况下，在进行图像分析时需注意识别处在阴影里的植物组分以及高反射发亮部分的植物组分。

2.2.3.5 附生 / 寄生植物

附生 / 寄生植物的调查以乔木层样格（森林）为单位，每个样方单独使用一张调查表（表 2-8）。

样方编号

采用"样地编号 + 样方编码"方式表达。例如，藏东南—昌都片区郭柯带队的调查队 2019 年 5 月 12 日调查的第一个样地的第一个乔木样格中的附生 / 寄生植物调查样方的编号是 SEguoke20190512P01E1。

样方尺寸

在乔木样格内调查，样方规格为 10 m × 10 m。

表2-8 附生/寄生植物调查表

（第　　页）

样方编号 _____ 样方尺寸 ____m×____m 盖度 ____% 照片编号 _____

调查日期 _____ 年 ____ 月 ____ 日 ____ 时 调查者 _____

植物名	盖度(%)	株丛数	附/寄生高度（m）	植物体高度（cm）	附/寄主种名	照片号	标本号	备注

分种调查

调查样方内每种附生／寄生植物的种名、高度（附生／寄生位置高度和植物体高度）、株丛数、盖度、附主／寄主种名等，并记录拍摄照片的编号和采集标本的编号。记录样方内出现的所有附生／寄生植物名称（包括未出现在调查样方中的），记入样地物种名录表中（表2-5）。

2.2.3.6 藤本植物

藤本植物的调查以乔木层样格（森林）或灌丛样方（灌丛）为单位，每个样方单独使用一张调查表（表2-9）。

样方编号

采用"样地编号＋样方编码"方式表达。例如，藏东南—昌都片区郭柯调查队2019年5月12日调查的第一个样地的第一个乔木样格中的藤本植物调查样方的编号是SEguoke20190512P01L1。

样方尺寸

乔木层 10 m × 10 m，灌丛 5 m × 5 m。

每木调查

调查样方内藤本植物的种名、攀缘高度和木质藤本 1.3 m 处的直径等，并记录拍摄照片的编号和采集标本的编号。记录样地内出现的所有藤本植物名称（包括未出现在调查样方中的），记入样地物种名录表中（表 2-5）。

调查表

表 2-9　藤本植物调查表

（第　　页）

样方编号 _____ 样方尺寸 ___m×___m 盖度 ___% 照片编号 _____

调查日期 _____ 年 ___ 月 ___ 日 ___ 时　　　调查者 _____

植物名	1.3 m 处直径（cm）	攀缘高度（m）	长度（m）	照片号	标本号	备注

2.2.3.7 地被层

地被层包括苔藓和地衣，地被层植物的调查以草本层样方为单位，每个样方单独使用一张调查表（表 2-10）。

样方编号

采用"样地编号 + 样方编码"方式表达。例如，藏东南 - 昌都片区郭柯带队的调查队 2019 年 5 月 12 日调查的第一个样地的第一个地被层样方调查样方的编号是 SEguoke20190512P01G1。

调查表

表 2-10　地被层植物调查表

（第　　页）

样方编号 _____　样方尺寸 ____m×____m　盖度 ____%　照片编号 _____

调查日期 _____ 年 ____ 月 ____ 日 ____ 时　调查者 _____

植物名	盖度（%）	厚度（cm）	株丛数	生活型	照片号	标本号	备注

样方尺寸

样方面积 1 m × 1 m。

分种调查

调查样方内每种地衣或苔藓的种名、盖度、厚度等，并记录拍摄照片的编号和采集标本的编号。野外调查时可借助 20 cm × 20 cm 的铁丝方格网（100 个 2 mm × 2 mm 的小格构成，以此辅助估测地被植物在样方中的盖度）调查地被植物的总盖度、物种名称及相应分盖度，并用游标卡尺测定其厚度。记录样地内出现的所有苔藓和地衣名称（包括样方周边、未出现在调查样方中的苔藓和地衣种类），记入样地物种名录表中（表 2-5）。

2.2.4 灌丛调查

灌丛样地背景信息

参照森林样地背景信息的调查内容进行记录，不过需要删除涉及乔木的部分的信息。

灌丛样地编码

（1）如果 1 个灌丛样地只设置 1 个样方，参照森林样地编码规则执行。

（2）如果设置 1 个以上样方，编码规则可以做出微调，具体举例阐述如下：藏东南—昌都片区郭柯带队的调查队 2019 年 5 月 12 日调查的第一个样地中设置了 3 个样方，样方编号为 S1、S2 和 S3，每个样方中均有 H1、H2 和 H3 三个草本层样方，那么灌丛样地编码为 SEguoke20190512P01，灌丛样方编号设置为 SEguoke20190512P01S1，SEguoke20190512P01S2，SEguoke20190512P01S3；草本层样方编号为（以 S1 为例）：SEguoke20190512P01S1H1，SEguoke20190512P01S1H2，SEguoke20190512P01S1H3。

灌丛调查

涉及灌木层、草本层、附生 / 寄生植物、藤本植物和地被层调查，各层调查方法和调查表参照森林调查中相对应的规范执行。

植被样点是基于国道、省道、县和乡公路网以及踏查路径记录植被类型（群系）分布的 GPS 点，也可以记录地形、地貌信息，并同时拍摄景观与群落外貌照片。本专题中，植被样点数据和遥感影像相结合，采用深度学习算法，进行植被类型的解译，是编制植被图的核心数据。

2.3

植被样点设置与调查

2.3.1 样点设置要求

设置样点的地段原则上要求其植被面积大于 1 hm² （100 m × 100 m）的典型植被类型以及部分特殊类型，例如宽阔的防护林带、果园、茶园等类型。选择在该植被类型斑块的中心地带记

图 2-7　样点选取示意

录样点（图 2-7），可避免 GPS 位置偏移造成的误判，提高样点的代表性。

2.3.2 样点编号和命名

采用"编号_植被类型"的形式对样点进行命名，例如：SEguoke201905120001_林芝云杉林，SE 为藏东南—昌都片区的代码，guoke 为样点记录人姓名拼音，20190512 为样点记录日期，0001 为样点序号，林芝云杉林为样点所在地点的植被群系名称。

2.3.3 记录内容

记录样点编号、经度、纬度、海拔、群系类型、调查人、调查日期、照片编号和备注等信息，并拍摄景观和群落外貌照片。样点调查内容记入表 2-11。鉴于样点记录主要依靠"两步路 户外助手"和"绿途"等含有卫星影像的软

2　植被调查规范　　39

件来实现，野外调查并不一定要即时记录入表格，回室内后可以整理、填入该表格。

样点记录要高度重视对植被类型的正确判断，群系名称务必要准确，尤其是不能以群系组名称代替群系名称，不准确的样点不仅没有帮助，而且会污染整个数据库，在后期的分析过程中发生错误导向。如有点记录为"落叶松林"，但实际上可能是"华北落叶松林"或者是"红杉林"，前者只分布在大兴安岭，明显不对。类似地，记录为"云杉林"，但实际上可能是"林芝云杉林"或者"川西云杉林"，前者分布区与后两者相差很远。这些分布区明显能区分开的还可以在发现问题后修正（但只有很专业的学者审查时才会发现问题，所以实际上修正的机会也不多），更可怕的是当同属的几个建群种分布范围有重叠时，就很难再修正和弥补。因此，如果在野外无法准确鉴定植被群系的建群种，需要采集标本，邀请专家进行后续鉴定。

表 2-11　植被样点调查表

样点编号	经度（°）	纬度（°）	海拔（m）	群系类型	调查人	照片编号	备注

2.3.4 记录方法

可以采用手持 GPS、数码相机结合记录表的方式进行样点记录。不过这种记录方式需要后期对数据进行整理，效率较低。本规范推荐使用"两步路 户外助手"（V6.7.0–1077，下载链接：http://www.2bulu.com/about/app_download2.htm?id=0）和"绿途"手机 APP 进行植被样点记录。

（1）基于"两步路 户外助手"APP 的样点记录方法。打点包括在轨迹上打标注点和在区域内选点打兴趣点。标注点是我们到达实地调查区域后记录的点，碰到无法到达或者无需到达的区域，只要我们可以准确判读植被类型，就可以将他们定为兴趣点。在户外助手上具体操作包括记录标注点、修改标注点、记录兴趣点、导入兴趣点、导出所有标记点等。下面分别进行介绍。

记录标注点

当我们到达计划打点处，可以在 APP 中打上标注点，该位置的编号和植被类型会记录在轨迹中。这种方式适合我们实际到达并能准确确定植被类型的样点。具体操作步骤如下（图 2-8）：

① APP 处在轨迹记录状态，到达样点记录地时，点击界面上的"文字"按钮，输入样点号和植被群系类型名称［图 2-8（a）、图 2-8（b）］。

② 可以点击界面上的"设置"按钮，进行自定义，设置好样点编码的头部［图 2-8（c）］。

③ 点击"完成"按钮［图 2-8（b）］，就完成了此处样点的记录过程。记录样点处的经纬度、海拔、调查时间以及样点所在的行政区域信息由 APP 自动记录，不需要手工记录。

记录标注点时，还可以选择拍摄照片和添加语音，拍摄照片具体操作步骤如下：

① APP 处在轨迹记录状态，到达样点记录地时，点击界面上的"拍摄"按钮［图 2-8（a）］。

② 完成照片拍摄后，进入图 2-8（d）所示界面，在图 2-8（d）中点击"点击这里，输入标注点名称"，则进入图 2-8（e）所示界面。

③ 然后输入标注点名称等信息，最后点击图 2-8（e）中的"完成"按钮，结束标注点输入过程。

添加语音的步骤和添加照片过程基本相同，按照提示操作即可，不再赘述。

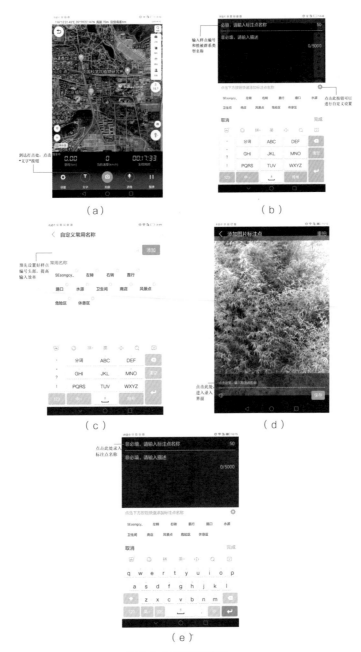

图 2-8　标注点操作方法

修改标注点

当标注点输入错误时，可以修改之前记录的标注点，也可以为标注点添加备注。具体过程如图 2-9：

① 点击需要修改的标注点图标，然后点击"更多"［图 2-9（a）］，再点击"编辑"［图 2-9（b）］，进入编辑页面［图 2-9（c）］。

② 在编辑页面［图 2-9（c）］，可以修改标注点名称，添加描述，还可以点击"+"，添加照片、录音和视频。

③ 如果点击了"+"［图 2-9（c）］，则进入照片、录音和视频选择界面［图 2-9（d）］。这里我们选择"从相册选择"，挑选合适的照片后，界面变为图 2-9（e）所示。

④ 修改完成以后，点击图 2-9（c）或者图 2-9（e）右上角"确定"，完成标注点修改过程。

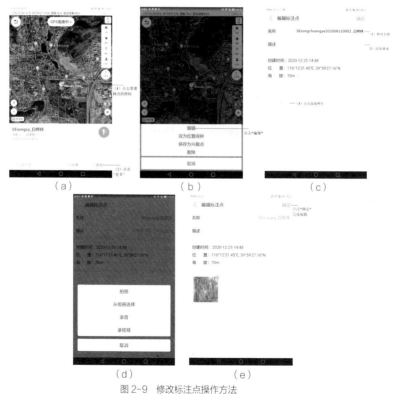

图 2-9　修改标注点操作方法

记录兴趣点

在调查中可以对没有到达的，且在目视范围内的某个地点的植被类型进行确定和标注，并记录为兴趣点。记录兴趣点的操作步骤如图 2-10：

① 在操作界面上长按需要记录植被类型的地点［图 2-10（a）］。

② 点击左下角的"兴趣点"，进入编辑界面［图 2-10（b）］。

③ 编辑兴趣点的植被群系类型名称，并在"描述"中添加兴趣点所在处的地形、地貌等背景信息。

④ 在图 2-10（b）中点击"+"，可以添加照片、视频和录音等，具体操作与添加标注点中的操作相同，不再赘述。

⑤ 所有信息记录完成后，点击图 2-10（b）右上角"保存"，完成兴趣点记录。

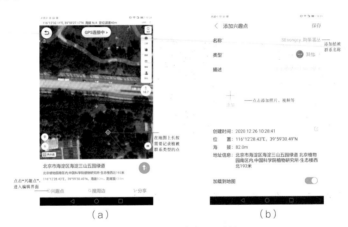

图 2-10　兴趣点记录方法

兴趣点导入轨迹

由于兴趣点是独立于轨迹存在的样点数据，需要通过导入兴趣点到轨迹中，导入到轨迹中的兴趣点可以随轨迹一同导出，方便后期的数据下载、整合和使用。具体步骤如图 2-11：

① 在 APP 首页，点击右下角"我的"按钮，然后点击"轨迹"按钮［图 2-11（a）］，进入轨迹列表。

② 在图 2-11（b）上点击当日轨迹，进入轨迹地图界面［图 2-11（c）］，

点击右上角的"…"，然后点击右下角的"添加标注点"。

③ 在图 2-11（d）中点击"导入兴趣点"，选择当日兴趣点，然后点击"确定"[图 2-11（e）]，即完成兴趣点导入轨迹操作。

④ 如果 APP 提示不能修改，请点击"取消加载"。

图 2-11 兴趣点导入轨迹操作方法

导出所有标记点

使用软件 ExcelToKml.exe 可以将所有标注点提取出来。具体操作步骤如图 2-12：

① 打开软件 ExcelToKml.exe，点击右侧的"打开数据"按钮，选择导

出的轨迹文件［图2–12（a）］。

②选择轨迹文件后，就可以看到标注点和兴趣点［图2–12（b）］。

③选择"另存数据"，即可以保存为csv格式的数据表［图2–12（b）］。

④用Excel打开csv文件，直接编辑即可。

（a）

（b）

图2-12 导出标记点操作方法

（2）基于"绿途"植被信息众源采集系统的植被样点记录方法。"绿途"植被信息众源采集系统是为植被样点调查设计的专业软件，通过获取具有地理位置信息的照片或记录 GPS 点位的方式来记录植被样点信息（金时超等，2021）。该软件包括手机端和网页端。"绿途"手机端 APP 支持安卓和苹果系统，主要功能包括植被样点数据采集、图点管理、轨迹管理、用户信息、数据展示以及其他辅助功能。绿途系统的网页端（https://survey.chinavegetation.cn/survey/#/login）具备与手机端相应的管理功能，除此之外，其重点功能是数据的分级审核功能与数据导出功能。

"绿途"APP 主要通过两种方式来记录植被样点数据：拍照采集和点位采集（图 2-13）。拍照采集主要是用户上传照片至云端，通过专家识别和鉴

图 2-13　拍照功能的数据采集示例

注：左：上传三张照片，包括群落全景、优势种整体和优势种细节。照片可以通过直接拍照或从用户相册选择。右：系统能够自动获取已有照片的经纬度信息或当前位置经纬度作为本次拍照记录的水平位置属性，并获取手机自身记录的海拔信息或根据经纬度获取记录所处的海拔信息。照片记录的属性还包括全国群系名称和其他信息，这些属性支持快速模糊匹配。

定后记录的植被类型。一条植被样点记录数据至少由三张照片组成，包括群落全景、优势种整体和优势种细节。调查人员还可以根据自身需求添加其他辅助判别的照片。照片可以通过直接拍照或从用户相册选择，APP 能够自动提取已有照片的经纬度信息或当前位置经纬度作为该条植被样点记录的地理位置。如果照片没有 GPS 信息可以通过手动输入，或者通过 APP 中的地理位置手动选取。海拔信息会通过手机的传感器获取或根据经纬度来提取对应的海拔信息。此外，植被样点记录中还可以输入野外调查时初步判别的群系名称和其他描述信息（图 2-13）。

点位采集主要是调查人员通过用图钉标记所见植被类型的位置，并将图钉所在位置的经纬度和海拔作为该记录的位置信息（图 2-14）。相比之下，

图 2-14　点位采集功能的示例

注：左：在 APP 界面的地图上用图钉标记所见植被的位置进行点位采集，图中红线表示图钉位置与用户所处位置的距离。右：系统能够自动获取图钉所在位置的经纬度和海拔作为该记录的位置信息，点位数据的属性还包括群系名称和其他信息，这些属性支持快速模糊匹配。

点位采集不需要进行拍照操作，效率大大提升，但是前提是调查人员需要有植被生态学背景。由于没有照片用于后期的群系类型的审核，因此点位数据在保存时必须包含与系统内置群系系统匹配的群系类型名称，对于无法匹配的特殊类型，用户可以上传自定义群系系统，同时可以在其他信息中进行补充记录。

除常用的导航地图外，"绿途"APP内置了四种图层供用户开展植被样点调查时参考和使用（图2-15）。用户可以通过APP中底图切换功能来进行切换，其中高德地图和谷歌地图是卫星影像数据，1∶100万植被图和1∶50万植被图斑块是专用的植被信息图层。1∶100万植被图是《中华人民共和国植被图（1∶100万）》的网络版，提供了群系级别的植被类型分布信息，可以在一定程度上辅助野外调查。1∶50万植被图斑块是新一代植被图绘制所采用的斑块底图，其主要由空间分辨率为10 m的哨兵影像数据进行多尺度分割得到，用于辅助用户采用点位采集方式判断斑块中占优势的植被类型。目前，所有图层均提供在线显示和离线下载后显示的功能。

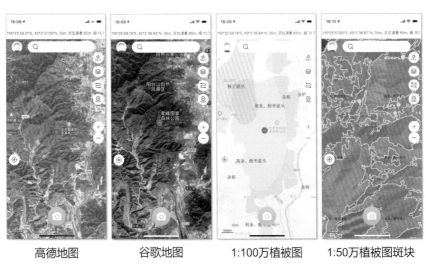

| 高德地图 | 谷歌地图 | 1:100万植被图 | 1:50万植被图斑块 |

图2-15 "绿途"APP支持的各种图层（包括高德地图、谷歌地图、1:100万植被图、1:50万植被图斑块）

"绿途"系统网页端主要用于数据审核和导出（图2-16）。专家用户可以参照用户提供的照片数据，并根据其地理位置判断该条记录的群系类型，系统会自动根据默认的分类系统填充该条记录对应植被型组、植被型、植被亚型和群系组等信息。专家和用户进入系统后可以导出其具有使用权的数据，导出的数据包括18个字段，具体说明如下：

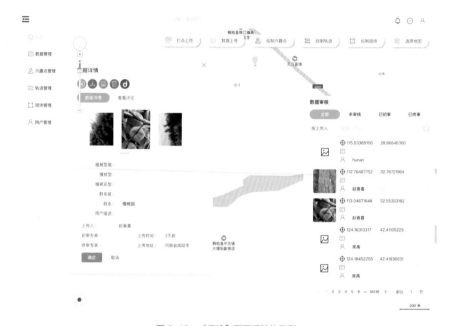

图2-16　"绿途"网页系统的示例

图中弹窗为专家审核的界面，专家可以通过点击对应的照片查看细节，并在右下角的群系文本框中输入图片对应的类型即可，系统会给出模糊匹配的群系名称。

① 经度：数据采集点的经度位置。

② 纬度：数据采集点的纬度位置。

③ 水平定位误差：数据采集时记录位置的水平方向的误差，单位 m。

④ 拍照 / 打点时间：数据采集时候的时间。

⑤ 上传时间：数据上传时的时间。

⑥ 用户描述：用户在采集数据时填写的描述信息。

⑦ 植被型组：当前数据在群系系统中对应的植被型组。

⑧ 植被型：当前数据在群系系统中对应的植被型。

⑨ 植被亚型：当前数据在群系系统中对应的植被亚型。

⑩ 群系组：当前数据在群系系统中对应的群系组。

⑪ 群系：当前数据在群系系统中对应的群系。

⑫ 审核专家：当前数据被审核的专家信息。

⑬ 审核状态：当前数据的审核状态，包括未审核、已初审和已终审。

⑭ 数据类型：打点数据或者拍照数据。

⑮ 上传用户类型：用户类型包括普通用户、初审专家、终审专家。

⑯ 上传用户名：上传用户在系统内注册的唯一用户名，不是昵称。

⑰ 所在省份：根据数据经纬度信息所在省份确认。

⑱ 图片 uuid：用于匹配当前数据对应名称的照片。

此外，导出照片数据为一个压缩包，包括下载数据的所有基本字段信息和对应的照片信息。基本字段信息与点位数据的字段相同，同时每个点位数据包括 3 张照片。照片通过点位数据字段中的图片 uuid 进行对应。

2.3.5 物种中文名称录入

为了提高野外输入物种中文名的效率，可以使用安卓手机百度输入法，设置词库，即可使用中文名全拼或者全拼的前面一部分输入中文名。具体方法如图 2-17：

（1）安装百度输入法并打开，在 APP 主界面点击右上角的设置[图 2-17（a）]。

（2）点击"词库管理"[图 2-17（b）]，点击"词库备份与恢复"[图 2-17（c）]。

（3）选择从文本导入 [图 2-17（d）]，导入手机词库"CFH 常用中文名手机百度输入法词库 20141015 天南星 .txt"，然后保存即可。需要注意的是，词库文件导入的位置因所使用的手机或者平板电脑品牌不同而有差异，本例中使用华为平板电脑，需要将词库文件放入百度输入法安装文件夹下面的"files"文件夹 [图 2-17（f）]，才能找到并导入词库。

（4）任意输入中文名全拼或前面一部分，即可输出中文名。

图 2-17　安卓手机百度输入法导入词库方法

调查轨迹是指用 GPS 或者其他具有 GPS 功能的设备记录的野外科考路径。调查轨迹是野外科考的记录凭证，对于核对调查区域、确定调查强度以及样地溯源等具有重要意义。

2.4.1 轨迹命名

按"日期 _ 出发点 – 返回点 _ 记录者"格式命名，如：20190909_ 墨脱县日新村 – 墨脱镇 _ 郭柯 .gpx。地区信息不能过于宽泛，一般为县级行政单元 + 乡镇名，如墨脱县墨脱镇。轨迹文件格式建议选用兼容性较强的 gpx 格式，需要保留照片附件的可以选择 kml 格式。

2.4.2 轨迹保存

将同一考察队科考全程轨迹放置在一个文件夹，以"时间区间 _ 考察地区 _ 负责人轨迹"格式命名该文件夹，如：20190606–20190909_ 林芝地区 _ 郭柯轨迹。

2.4.3 轨迹记录

记录轨迹的设备有很多，手持 GPS、智能手机等都可以记录运动轨迹。本规范介绍基于"两步路 户外助手"的调查轨迹记录方法。

轨迹记录具体操作步骤如图 2-18：

（1）打开 APP，点击"START"按钮 [图 2-18（a）]。

（2）点击"记录"即开始记录 [图 2-18（b）]。轨迹记录时可以选择记录的类型，可以选择爬山、驾车或者其他合适的类型。选择的类型不会影响到记录，所以默认类型即可。需要注意的是，如果选择了驾车等高速运动类型，却保持低速运动的状态，软件会自动提醒切换为低速类型，忽略提醒即可。

（3）使用轨迹记录功能前，要打开手机 GPS 功能。

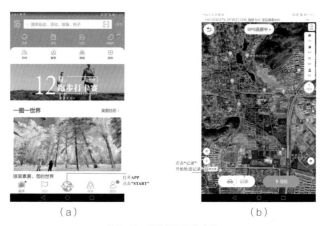

（a）　　　　　　　　　　　　　（b）

图 2-18　轨迹记录操作方法

保存轨迹

保存轨迹的时候先点击下方暂停键［图 2-19（a）］，之后长按结束键［图 2-19（b）］，这一步主要是为了避免误触导致的意外关闭。需要注意的是，如果 APP 意外关闭，再次进入地图界面时，只要选择继续记录，已经记录的轨迹就不会丢失。如果在关闭后运动了一段距离，两段之间会以直线连接。

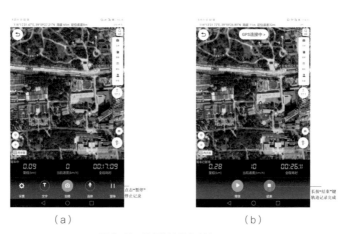

（a）　　　　　　　　　　　　　（b）

图 2-19　保存轨迹操作方法

导出轨迹

① 在主界面选择"我的"界面，点击"轨迹"［图 2-20（a）］，进入轨迹清单［图 2-20（b）］。

② 选择需要导出的轨迹［图 2-20（b）］，单击该轨迹，则可以在地图界面上显示该轨迹［图 2-20（c）］。

③ 点击右上角"…"，点击"编辑"按钮［图 2-20（c）］，则可以编辑该轨迹名称、添加描述等信息，编辑完成后，点击"保存"按钮即可［图 2-20（e）］。另外需要注意，轨迹编辑界面的公开功能需要关闭。如果打开，轨迹会上传并公开。

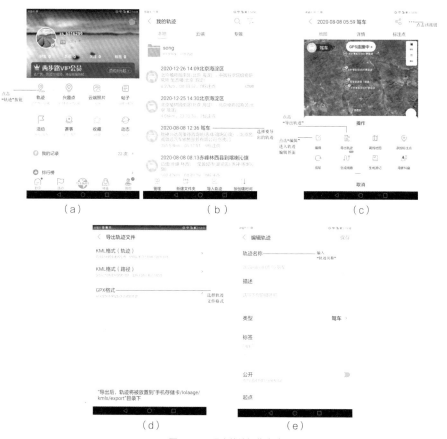

图 2-20　导出轨迹操作方法

④ 同样点击右上角"…"，点击"导出轨迹"[图 2-20（c）]，选择导出轨迹的格式图 2-20（d）。建议选择兼容性强的 gpx 格式，如果需要保留图片、视频等信息，选择 kml 格式导出即可。

⑤ 录入轨迹名称[2-20（e）]，点击右上角"保存"，则完成轨迹导出操作。后期使用轨迹匹配照片经纬度坐标时，使用 gpx 兼容性更强。导出方式可以选择保存为文件，或者通过微信导出。注意不要用云端导出的方法。

轨迹信息整理

完成轨迹的重命名和归类，直接将"一键提取当前文件夹内所有文件的文件名 .bat"放入轨迹根文件夹，双击运行，自动生成 list.txt。全选内容粘贴到 Excel，使用分列功能进行字段分离，最后根据清单需求粘贴到 Excel 数据报表中。

注意事项

① 单独行动的小队需一名以上成员每日记录调查轨迹。

② 一天内多人记录的轨迹仅需要保留一份，一般由一人负责整理，此人的轨迹不可用时再使用备份。

③ 手机端的记录不要使用 APP 的云同步，会导致轨迹公开。

④ 大队伍推荐创建位置共享小组，实时追踪队内工作动态。

⑤ 数据要定期导出，避免手机损坏或丢失导致数据丢失。

⑥ 长时间使用 APP 需要开启 APP 保活设置（安卓）和始终允许定位功能，并注意保持手机电量充足。

需要指出的是，"两步路 户外助手"不仅可以用来记录轨迹，也可以进行户外的导航、地名寻找、队员通信等。如果需要详细了解其功能，可以在"我的"界面的设置栏中点击"关于与帮助"，一般常见的功能都会介绍。

2.5.1 影像类型

影像可以直观反映景观、植被外貌、群落结构以及物种特征，是植被调查数据的重要组成部分。照片类型包括正射影像、全景照片、广角照片、特写照片以及视频等几类。调查中所获取的影像应包括以下几类：

（1）断面景观照片／视频（图 2-21）：反映断面的垂直带谱和景观信息，至少 1 张。

（2）典型植被带外貌照片（图 2-22）：垂直带断面中各典型植被类型的外貌照片，至少 1 张。

（3）样地景观照片／视频（图 2-23）：反映样地及其周边区域状况，推荐使用无人机拍摄，至少 1 张。

（4）群落外貌照片／视频（图 2-24）：反映样地植物群落的外貌特征，推荐使用无人机拍摄，至少 1 张。

（5）群落垂直结构照片／视频（图 2-25）：从侧面拍摄完整的植物群落层次结构，至少 1 张。推荐使用激光雷达或360° 全景数码相机。

图 2-21　断面景观照片（拍摄人：郭柯）

图 2-22　典型植被带外貌照片（拍摄人：王孜）

图 2-23　样地景观照片（拍摄人：王孜）

图 2-24　眉柳（*Salix wangiana*）群落外貌照片
（拍摄人：王孜）

图 2-25　油松（*Pinus tabuliformis*）林
垂直结构照片（拍摄人：王孜）

（6）乔木层／灌木层／草本层／地被层照片（图2-26）：至少各1张。

（7）物种照片（图2-27）：要求能拍摄整株，或有清晰的局部器官（花、果、叶）等特征。

（a）油松林乔木层 　　　　　　　　　　　　（b）油松林灌木层

（c）油松林草本层

图2-26　乔木层、灌木层、草本层照片（拍摄人：王孜）

图2-27　物种局部照片（拍摄人：赵利清）

2.5.2 影像命名

影像重命名按"编号_群落类型/物种名称"格式，如：SEguoke20190512P01_华山松（*Pinus armandii*）林 .jpg，其中编号 SEguoke20190512P01 为影像拍摄时所在样地编号。

如果同一个拍摄对象（植被类型、植物、景观、断面）有多个图片，在命名时可以在图像名称后面加（1）（2）（3）来标识，如 SEguoke20190512P01_华 山 松（*Pinus armandii*）林（1）.jpg、SEguoke20190512P01_华 山 松（*Pinus armandii*）林（2）.jpg、SEguoke20190512P01_华山松（*Pinus armandii*）林（3）.jpg 等。

如果拍摄对象不是具体的群落类型和物种，可以根据实际拍摄对象的名称来确定命名，如断面、景观等。

2.5.3 影像采集

2.5.3.1 正射影像采集与处理方法

正射影像是垂直于地面的影像。无人机是获取正射影像的主要工具，可以利用各类无人机快速获取植被正射影像。目前，消费级的小型无人机不仅可以应用于正射影像的拍摄，还可以随时记录拍摄点坐标、测量树木高度、倾斜摄影用于绘制植物群落三维影像等。

在使用无人机时需要注意以下几点：

（1）单次飞行一般可以完成 2~3 个样地的拍摄，获取样地图像、样地控制点坐标等数据，通过图像分析，可以进一步获取优势种、盖度、植被格局等信息。

（2）拍摄样地时，拍摄范围要稍大于样方的边界，并在样地一侧放置参考尺。

（3）参考尺要和等高线平行，如果是平缓地形，调整拍摄角度，使照片上侧对应正北方向（图 2-28）。

具体拍摄时还需要注意以下几点：

（1）待无人机稳定后（GPS 不剧烈跳动）再拍摄，拍摄前后都需要保持无人机和相机静稳。

（2）晴天优先选择 HDR（弱风条件）拍摄，如果有强风，最好通过加大光圈提高快门的方式拍摄。

（3）一次飞行尽量拍齐样地全貌，包括各方位影像、水平角度照等。

（4）检查拍摄方位和角度，保证拍摄角度方位无偏移。

（5）无人机容易丢失，一定要做到每日备份。

在完成影像采集之后，要尽快对其进行处理。处理过程包括预处理、重命名和归类三步：

（1）预处理。预处理主要包括导出文件到电脑，删除无用照片、写入 GPS 等。大部分无人机内置 GPS，不需要写入 GPS。

（2）命名。对影像进行重命名是图片数据处理中最重要的一步，具体命名规则见"2.5.2 影像命名"部分。完成重命名后需要将所有文件放置在规划好的文件夹中。

（3）归类。以方便查看为归类原则，以"拍摄者_邮箱"格式命名根文件夹。之后在根文件夹中新建文件夹，以"时间_出发点 – 到达点"命名，将当日拍摄的影像全部放入其中。如：20190606_巴宜区 – 拉萨市城关区。

图 2-28　无人机正射影像（配置参考尺，拍摄人：王孜）

2.5.3.2 广角照片采集与处理方法

广角照片适合展示植被的外貌与季相，推荐选择 12~35 mm（等效全画幅）镜头搭配 2000 万以上像素数码相机拍摄，也可以使用无人机和各厂商旗舰手机（4000 万像素左右）拍摄。推荐拍摄参数：光圈 F8-F11，ISO100–1600。拍摄时选择典型剖面拍摄，森林与灌丛采用水平拍摄方式，草地采用俯拍拍摄。

拍摄时的注意事项：

（1）避免使用中长焦（等效 70 mm）在远处拍摄。由于拍摄相同视野照片需要站的更远，直接导致照片定位不准。

（2）拍摄时根据实际情况配备参考尺，拍摄草地时必须在拍摄范围内放置参考尺。

（3）光比较强的环境还可以使用包围曝光或 HDR 功能。

（4）拍摄影像格式设置为 jpg，勿压缩。

完成采集后进行影像处理，命名、归类等处理方法和正射影像的处理类似。如果相机没有自带 GPS 模块，照片没有经纬度信息，需要在预处理阶段给照片写入经纬度信息。

以下以 geosetter.exe 为例，介绍给照片写入经纬度的方法（图 2-29）：

（1）初次使用时先进行配置。在设置中勾选"保存时覆盖原文件"[图 2-29（a）]。

（2）点击菜单的"图片"，选择"打开文件夹"，找到当日照片文件夹，点击导航栏"图片"，然后选择"全选"，则选中文件夹中所有图片，或者用"Ctrl+A"全选文件夹中所有图片［图 2-29（b）］。如果不全选图片，软件只处理文件夹中第一张图片。

（3）点击菜单的"图片"，选择"与 GPS 数据文件同步"（快捷键 Ctrl+G）［图 2-29（c）］，选择当日的 GPS 记录的调查轨迹文件［图 2-29（d）］，其他配置保持默认。

（4）点击"确认"，开始读取 GPS，在图像栏中选择"保存更改（快捷键 Ctrl+S）"，然后等待数据写入即可。

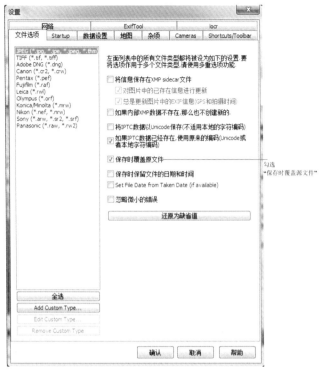

（a）

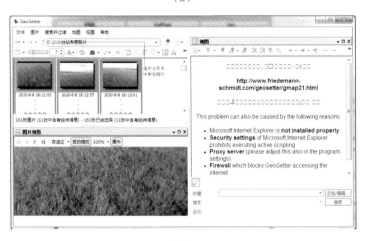

（b）

图 2-29　照片写入GPS操作方法（一）

（c）

（d）

图 2-29　照片写入GPS操作方法（二）

Geosetter.exe 使用时的注意事项：

（1）相机照片匹配前需要校正机内时间，否则会有误差。

（2）如果在边境地区或者跨国调查，请保证轨迹所用的时区和相机时区是相同时区。时区不同校正会有误差。

（3）可匹配 GPS 的图片格式为 jpg。

（4）保存时软件会有警告提醒，忽略即可。

2.5.3.3 特写照片采集和处理方法

物种特写照片可以展示植物群落中物种的典型特征。调查中出现的建群种、每层优势种和特征种都需要拍摄特写照片，其他物种建议拍摄。推荐使用数码相机搭配微距镜头或中长焦镜头拍摄特写照片，高端手机配置的相机也可以用来拍摄物种特写照片，推荐拍摄参数：F2.8–F8，ISO100–3200。拍摄时应注意以下事项：

（1）未鉴定的植物需要拍摄可看清标本标签的图像，配合后期标本鉴定使用（图 2–30）。

（2）拍摄的内容包括植株整体、营养体和繁殖体（图 2–31）。

（3）建议在暗光环境下进行补光处理。

图 2-30　使用佳能新百微配合闪光灯拍摄光核桃（*Amygdalus mira*，拍摄人：王孜）

（a）疏林 （b）植株个体

（c）营养体 （c）繁殖体

图 2-31 巨柏（*Cupressus gigantea*）林植被照片和物种照片（拍摄人：王孜）

2.5.3.4 全景影像采集和处理方法

全景影像使用全景相机拍摄，主要体现森林林下景观，一般在森林样方调查中采集（图 2-32）。全景影像可以直观立体地展示森林群落的内部结构，对于描述林下物种组成和层片结构具有很大作用。

由于全景照片不能直接预览，必须使用全景预览程序。因此，在野外拍摄时要注意以下事项：

（1）林下总体偏暗且光比较大，建议增加曝光且关闭 HDR 功能。

（2）全景照片在群落内部进行拍摄。

（3）明暗对比强烈的林下，要注意躲避太阳光，使得太阳光不直射镜头。

（4）在相机稳固时拍摄，避免抖动导致成像模糊；在风较大的情况下，照片可能会模糊，可以等树枝摇动幅度较小时再拍摄。

（5）尽量使用延长杆等拍摄，全景相机在距离被摄物过近的情况下有可能导致图像边缘拼接不齐。

（6）全景相机要带有 GPS 记录功能。

全景影像处理方法基本同前面的正射影像和广角影像等，重命名时的照片类型选择全景，具体命名规则参见 2.5.2 影像命名。

图 2-32　全景相机拍摄的森林影像（拍摄人：王孜）

2.5.3.5 视频采集和处理方法

视频用以记录植被调查工作日常与植被动态外貌。推荐各科考队记录工作延时视频，用以反映工作风貌。

视频格式为 mp4 或 mov。命名格式"日期_地点_考察队_内容描述_视频"。如：20190909_墨脱县背崩乡_郭柯队_工作延时_视频 .mp4。

2.5.4 图像信息提取

图片清单是描述图片信息的数据。通过提取图像信息，可以生产图片清单，方便后期汇交和使用。本规范使用"批量提取照片 GPS 信息 V2017.10.29.8.cmd"提取并制作元数据（图 2-33）。然后根据图片清单提供的字段，选择出需要的内容。

批量提取照片 GPS 信息 V2017.10.29.8.cmd 程序使用方法（图 2-33）：

（1）将根文件夹拖入程序窗口，回车确认，等待程序运行完成 [图 2-33（a）]。

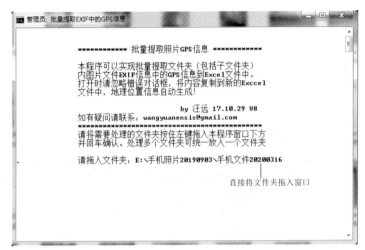

（a）

（b）

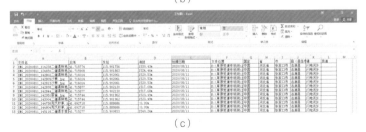

（c）

图 2-33　图像信息提取操作方法

（2）程序自动读取图片的经纬度、海拔、文件名、拍摄日期等信息，这些信息会写入根文件夹的"！GPS 信息 .xls"文件中 [图 2-33（b）]；

（3）打开"！GPS 信息 .xls"文件，全选内容，粘贴到新建表格中，国家、省、市、县（县级市）、镇等行政区域信息会自动填充 [图 2-33（c）]。

（4）将新生成的内容全选，原位粘贴。粘贴选项里选择"值"。

（5）最后根据照片清单要求选择字段，完成图片清单。

程序使用注意事项

（1）程序运行时可能会报毒，可以暂时关闭杀毒软件。

（2）如果在 Excel 中不能编辑，请打开宏。

（3）选择值的方式保存，数据不会因为移动文件的位置而改变。

由于前期已经为所有影像进行了重命名，后期可以在 Excel 中使用"分列"功能，快速生成拍摄时间、样地编号、植被类型、照片类型等字段信息。

2.5.5 植物学名词库和植被类型名称词库

为了方便在电脑端高效输入植物学名，本规范提供了国内已有的植物学名词库和植被类型名称词库。利用电脑的搜狗输入法软件可以快速输入中文名和学名。该方法不仅可以提升输入学名的效率，还有利于统一植被命名，方便后期统一数据格式。

配置步骤如下

（1）在搜狗输入法属性设置页面的高级栏中选中"自定义短语设置"[图 2-34（a）]。

（2）在自定义短语设置中选中"直接配置文件"，在弹出的 PhraseEdit.txt 中，将"搜狗中国高等植物学名词库 V20110101"和"中国植被分类系统词库 V2.0 20200319"的内容复制粘贴进去，保存 PhraseEdit.txt [图 2-34（b）]。

（3）使用物种中文名的字母缩写和植被类型建群种中文名的字母缩写 +ql（群落拼音缩写），测试是否导入成功。

输入法词库设置时的注意事项

（1）词库文件较大，保存自定义词库需要一些时间。

（2）在设置的外观栏中更改输入框为竖排显示，可以显示更多内容。

（3）物种学名词库取自中国自然标本馆（Chinese Field Herbarium，CFH）2011 年的数据，植被类型（主要指群系名称）名称词库取自新一代植被图植被分类系统（郭柯等，未发表资料）。

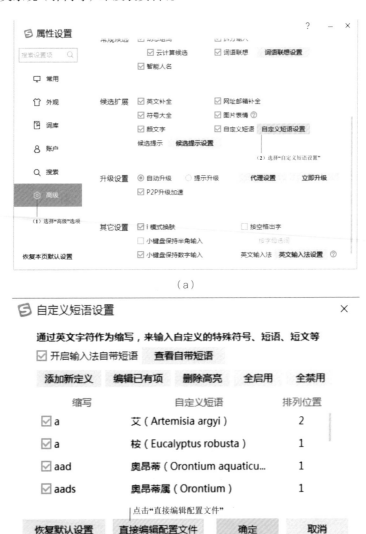

（a）

（b）

图 2-34　电脑搜狗输入法导入词库方法

2.6.1 植物标本采集目的

对植物群落中物种，保留一份可随时查阅、检验的实物标本，方便后来的研究者能及时应用植物分类学的最新研究成果，较准确、便捷地对历史样方数据进行核实、完善、修改，更有利于以后对新旧群落资料对比研究。因为认识群落首先要从认识组成群落的物种开始。李继侗教授在《植物生态学与地植物学丛刊》)（现为《植物生态学报》)（1958）创刊时指出："本刊的任务是发表：①长篇的植物生态学论文；②地植物学方法论文；③地区植被描写的论文。主要的任务则为发表第三类的论文等。我们对于这一类论文在科学上有一基本的要求，就是对于植物种类的鉴定必须准确，如果植物鉴定有了错误，则论文的全篇都失去了意义。"

在植被生态学研究中，经常遇到的问题：

（1）在植被生态学研究中总会遇到物种鉴定错误或学名变动的实际问题。植物分类学家对物种处理的不确定而造成植被研究中物种学名的不断变化。如：中间锦鸡儿在已有的研究中至少使用过以下 3 种学名：*Caragana intermedia* Kuang et H. C. Fu；*Caragana davazamcii* Sancz.；*Caragana liouana* Zhao Y. Chang et Yakovlev。

（2）由于分类学家对物种归并及学名优先律的使用，造成植被生态学研究中植物学名的变动。或者生态学工作者对物种的错误认识而在植被生态学研究中产生错误，如：小针茅 *Stipa klemenzii* Roshev. 和戈壁针茅 *Stipa gobica* Roshev. 在植被研究中的相互颠倒。

（3）分类学研究不清楚，在植被生态学研究中把新的类群作为已知物种记载，进而对植被生态学研究产生的影响。如：阿尔巴斯针茅 *Stipa albasiensis* L. Q. Zhao et K. Guo 最早发现于内蒙古西鄂尔多斯桌子山及阿拉善盟贺兰山，在海拔 1950 m 以

2.6

植物标本采集、压制与数字化

上的山地可以成为建群种，形成山地荒漠草原类型。但以往的植被志书中均记载的为戈壁针茅草原、沙生针茅草原或大针茅草原。目前，该种也在哈萨克斯坦、吉尔吉斯斯坦、塔吉克斯坦、蒙古国被发现（Nobis 等，2020）。

改善上述问题有效的方法之一是系统采集、长期有效的按群丛为单位编号，保存组成该群丛的每一物种的完整标本一套。便于后来研究者对群丛种类组成历史资料修改时有据可依。

2.6.2 标本编号、记录单和标签

每个样地内的优势物种和处于花果期的植物都应采集标本。对标本进行编号、制作标签并拍摄照片。另外，样方内现场无法鉴定到物种的植物一定要采集标本（特殊情况下至少要有清晰的照片能够用来作为专家鉴定物种的依据）。

标本编号

采用"样地号＋标本顺序号"方式表达。例如，藏东南—昌都片区郭柯带队的调查队 2019 年 5 月 12 日调查的第一个样地中采取的第一个标本编号是 SEguoke20190512P01S001。

标本采集记录单

采集记录单是用于在野外记录标本信息的表格，每份标本都要有对应的标本采集记录单。标本采集记录单需要填写的内容包括标本的中文名、学名、采集地点、经纬度、海拔等信息，具体如图 2-35。采集记录单建议尺寸为 18 cm × 10 cm。

第二次青藏高原综合科学考察研究
森林和灌丛生态系统与资源管理专题植物标本野外记录单

中文名：＿＿＿＿＿＿＿＿＿＿＿

学名：＿＿＿＿＿＿＿＿＿＿＿

生长型：＿＿＿＿＿＿＿＿＿＿＿

植物高：＿＿＿＿＿＿　胸径：＿＿＿＿＿＿

地下器官：＿＿＿＿＿＿＿＿＿＿＿

花色：＿＿＿＿＿＿　果实：＿＿＿＿＿＿

采集地点：中国＿＿＿＿＿省（自治区）＿＿＿＿＿县

＿＿＿＿＿乡＿＿＿＿＿村＿＿＿＿＿山（沟）

经度：＿＿＿＿＿　纬度：＿＿＿＿＿　海拔：＿＿＿＿m

生境及土壤类型：＿＿＿＿＿＿＿＿＿＿＿

群落调查样地号及标本采集号：＿＿＿＿＿＿＿＿

所属植被类型（群丛名及编号）：＿＿＿＿＿＿＿

群落成员型：＿＿＿＿＿＿＿＿＿＿＿

采集者：＿＿＿＿＿＿＿＿＿＿＿

采集日期：＿＿＿＿年＿＿＿月＿＿＿日

保存的标本馆及其编号：＿＿＿＿＿＿＿＿＿

图 2-35　标本采集记录单

标本标签

标本标签是系在活体标本上的铭牌，用于记录标本采集编号、采集者、采集地点、生境和采集时间等信息（图 2–36）。标签建议尺寸为 7 cm × 4 cm。

采集者＿＿＿＿＿＿ 编号＿＿＿＿＿＿

地点＿＿＿＿＿＿＿＿＿＿＿＿＿＿

生境＿＿＿＿＿＿＿＿＿＿＿＿＿＿

采集时间＿＿＿＿＿年＿＿＿月＿＿＿日

图 2-36 标本标签

标本编号需在样方调查表中标注。最后，生成标本（照片）信息表。标本信息表包括标本编号、样地号、物种中文名称、物种学名、生境、采集地点、经度、纬度、海拔高度、采集人、采集时间、鉴定人、鉴定时间和保存单位等字段。

2.6.3 标本采集所需工具

标本采集常用工具有枝剪、小刀、一字改锥、铲子和高枝剪等。

2.6.4 标本采集及压制

标本采集

应该尽量完整地采集标本。小的草本和小的木本植物，在有花、果的前提下，还应该带有根、茎、叶。高大的乔木、灌木和草本应该采集营养枝（包括萌蘖枝）和生殖枝，特殊类群需要采集成熟植株的树皮等部位（如桦木科植物），同一植物至少采集 3 份标本，每一份上均及时系上采集标签，标签上的编号与采集记录单上的编号一定要一致且唯一。

标本压制

标本应该被及时压制在标本夹中，如果时间较紧迫，也可以暂时保存在塑料袋或采集箱中，隔适当时间集中压制，但要保证叶片、花瓣等不因萎蔫而皱缩不展。压制标本时短于 38 cm 的标本（长不超过台纸的长度）可以直接放在吸水纸中压制，长于 38 cm 的标本可以折成“V”形、“N”形、“W”形，但要保证叶片正面、背面均有朝上的，花有正面和背面均展开的，这便于进一步的观察、鉴定。对于体积较大的果实可以切片。大的树叶可以沿中脉切去一半或部分，但要保留叶缘、叶先端、叶基部、叶柄的基本形态的可观察性。

标本干燥

①自然干燥：要及时更换吸水纸，直至标本干燥为止。②人工加热干燥：将初步压制失水的标本放置在具有一定数量瓦楞纸的干燥标本夹中，通常是一张瓦楞纸与一叠吸水纸夹上一份标本相互交替，将标本夹放置在干燥箱或用帆布遮掩，用热气吹风机鼓风，加速标本的干燥。

2.6.5 标本制作与保存

标本装订

最终要将压制和干燥后的标本装订在台纸上，标准的台纸大小是 29 cm × 41.5 cm。

装订方法

①用线将标本直接缝到台纸上；②用乳胶涂在标本的背面，然后将标本粘在台纸上，在压制数小时待乳胶干燥后即可；③将乳胶涂在玻璃或硬塑料板上，放上标本，再将粘有胶的标本移到台纸上固定。在装订标本过程中，标本上掉落的叶、茎、花或果实、种子等碎片要用自制的纸袋包好，一并粘贴在台纸上，不要扔掉。

粘贴记录单和鉴定标签

将填写完整的对应野外采集记录单粘贴在台纸的左上角或右上角，鉴定标签通常粘贴在台纸的右下角。标本记录单和鉴定标签可以按照前面提供的格式、内容打印好后粘贴在台纸上或用中性笔填写后再粘贴到台纸上。

标本保存

要将整理好的标本交到有编码的固定标本馆消毒、杀虫后永久保存，如果身边没有固定标本馆，可以交到中国科学院植物研究所标本馆（PE）保存。

2.6.6 标本数字化

可以使用相机拍照或标本扫描仪来完成。拍摄时最好使用 2000 万像素及以上相机，以保证标本照片分辨率在 5184 × 3459=1800 万像素以上。

条形码可以使用中国数字植物标本馆（Chinese Virtual Herbarium，CVH）的编号，或自己拟定或统一使用相应标本存放地标本馆的条形码编号。

拍照时需在标本台纸上放置用于白平衡调试及后期色彩比对调节的色卡和用于标定影像内植物形态性状尺寸的标尺，两者的摆放位置以不遮挡标本为宜，且位置最好相对固定（图2-37）。

2.6.7 注意事项

标本分为植物分类学的标本、植被样方调查凭证标本，此次调查是以获取植物群落物种组成、结构等数据为主要目的，采集标本目的主要在于确保调查样方内物种的准确和后续的校正。有时候，野外调查难以准确鉴定到物种，或者自己认为是某种植物而实际上可能是另

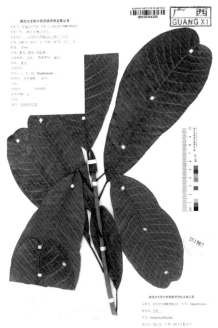

图 2-37 数字化植物标本
（图片来自中国数字植物标本馆https://www.cvh.ac.cn）

外一种外形较相似的物种，以后有标本就可以再校正过来，而没有标本的时候就很难进行校正。在野外进行标本采集时还需要注意以下几个方面：

（1）用作标本的植株，其根、茎、叶、花、果实最好齐全，压标本需要正反面叶。作为植被样方的标本，如果样方中的物种不能确定，原则上都要采集标本，无论其是否有花果。

（2）标本编号一定要与所做样方紧密结合，标本编号与样方编号一定要严格对应（其他植物分类的标本除外），样方表中要标注上标本的编号。

（3）很多植物也可以通过用照相机拍摄主要特征图片，起到标本采集的样方凭证作用。

2.7

土壤调查与取样规范

土壤取样

每个样地取 1 个混合土样。从各草本样方中心用土钻取 1 个 0~20 cm 的土样,各土样混合后取约 200 g 装入自封袋,带回实验室进行理化性质分析。建议对于典型植被类型(区域最具有代表性的类型),可挖取 1 m 深的土壤剖面,记录更为详尽的土壤剖面特征信息,并拍摄剖面照片,为刻画群落生境提供土壤方面的依据(图 2-38)。

土壤样品编号

同样方编号,采用"片区编号 + 队伍编号 + 调查日期 + 样地编号",如 SEguoke20190512P01。

土壤分析

土壤分析指标为有机碳含量、全氮含量、全磷含量、pH 值、容重等。

图 2-38　挖取土壤剖面(拍摄人:郭柯)

3

数据质量控制规范

在 ISO8402：1994《质量管理和质量保证的术语》（GB/T 6585—1994）中，质量控制的定义是"为达到质量要求所采取的作业技术和活动，质量控制的对象是过程，质量控制的目的在于以预防为主，通过采取预防措施来排除质量环各个阶段产生问题的原因"。对于数据而言，质量控制指对数据从计划、获取、存储、共享、维护、应用、消亡生命周期的每个阶段里可能引发的各类数据质量问题，进行识别、度量、监控、预警等一系列管理活动，并通过改善和提高组织的管理水平使得数据质量获得进一步提高。本专题的数据质量控制贯穿于整个植被野外调查的各个环节，包括断面、垂直带、样地和样点的设置、野外调查与采样、数据记录和填报、数据审核和数据存档等。总体上，制定野外调查规范、严格执行相关的标准规范，对一线调查人员进行培训等都属于数据质量控制的范畴。不过，由于植被调查过程中的质控措施和具体调查步骤结合密切，难以单独描述，所以，植被调查过程中的质控规范均在第 2 章中结合具体的调查步骤进行介绍，本章中的数据质量控制规范主要是对数据表的规范和标准化。

植被调查数据中共有 14 个数据表，包括垂直带调查数据表、样地背景信息数据表、乔木层调查数据表、灌木层调查数据表、草本层调查数据表、藤本植物调查数据表、附生 / 寄生植物调查数据表、地被层植物调查数据表、样地物种名录数据表、植被照片清单数据表、植物标本清单数据表、野外调查轨迹清单数据表、土壤调查数据表和植被样点调查数据表等。数据表代码、名称和数据表简介见表 3-1。灌丛样方调查中的灌木层、草本层、藤本植物、附生 / 寄生植物、地被层植物的调查数据使用表 3-1 中对应的数据表。

表 3-1　数据表名称和简介

数据表名称	数据表简介
垂直带调查数据表	记录垂直带谱植被类型、分布海拔上下限、坡度、坡向和坡位等数据
样地背景信息数据表	记录样地位置、经纬度、海拔、植被类型、地形、土壤等数据
乔木层调查数据表	记录乔木层物种组成、株高、胸径、枝下高和冠幅等数据
灌木层调查数据表	记录灌木层物种组成、株高、基径和盖度等数据
草本层调查数据表	记录草本层物种组成、株高和盖度等数据
藤本植物调查数据表	记录藤本植物的物种组成、攀缘高度和1.3 m处粗度等数据
附生/寄生植物调查数据表	记录附生植物的种名、高度（附生位置高度和植物体高度）、株丛数、盖度、寄主/附主种名等
地被层植物调查数据表	记录地衣或苔藓的种名、盖度、厚度等
样地物种名录数据表	记录样地内所包含的物种中文名、学名和生活型等数据
植被照片清单数据表	记录照片名、照片说明（景观/群系类型/物种名）、摄像者、样地号（样地内照片）、经度、纬度和海拔高度等数据
植物标本清单数据表	记录标本编号、样地号、中文名称、学名、生境、采集地点等数据
野外调查轨迹清单数据表	记录野外调查轨迹名称、调查人及调查所在的区域等数据
土壤调查数据表	记录土壤样品号、土层和土壤有机质含量、全氮含量、全磷含量等数据
植被样点调查数据表	记录调查点的经纬度、海拔、植被类型、地形、土壤等数据

3.2

数据表结构规范

数据表结构与具体规范的相关说明：

（1）不同数据表的排列与调查指标体系的项目排序基本对应。

（2）数据表内部字段设置原则：对应于调查指标体系的各个项目的指标项，并添加有关辅助项，使各表内容叙述完整。

（3）数据表中的数据项（即字段），如果在不同数据集及数据表之间相同，则使用统一计量单位（即字段单位），字段单位采用国际标准。

（4）数据精度要求是根据字段的实际数值范围或仪器精度确定。

（5）数据表中的数据尽量体现原始调查数据，避免数据换算过程产生的数据扩大或信息丢失，各字段的单位尽可能使用观测时的原始单位，如有些表中保留样方统计值，不换成单位面积值。

3.2.1 垂直带调查数据表

垂直带调查数据表包括 19 个字段，表 3-2 对字段名称、字段类型、小数位数和字段单位等做了详细规定。

表 3-2　垂直带调查数据表的结构及字段定义

序号	字段名称	字段类型	小数位数	字段单位
1	序号	N*	0	
2	断面编号	C*		
3	调查人	C		
4	调查日期	D*		格式：年-月-日
5	行政区域	C		
6	地点	C		
7	基部经度	N	4	°

序号	字段名称	字段类型	小数位数	字段单位
8	基部纬度	N	4	°
9	基部海拔	N	1	m
10	植被类型	C		
11	平均高度	N	1	m
12	盖度	N	1	%
13	最低海拔	N	1	m
14	最高海拔	N	1	m
15	坡位	C		
16	坡向	N	0	°
17	坡度	N	0	°
18	照片编号	C		
19	备注	C		

注：C 表示"字符型"；N 表示"数值型"；D 表示"日期型"，以下各表相同。

3.2.2 样地背景信息数据表

样地背景信息数据表包括 54 个字段，表 3-3 对字段名称、字段类型、小数位数和字段单位等做了详细规定。

表 3-3 样地背景信息数据表的结构及字段定义

序号	字段名称	字段类型	小数位数	字段单位
1	序号	N	0	
2	样地编号	C		
3	群落类型	C		
4	调查人	C		
5	调查日期	D		
6	行政区域	C		
7	地点	C		
8	经度	N	4	°

序号	字段名称	字段类型	小数位数	字段单位
9	纬度	N	4	°
10	海拔	N	1	m
11	地貌类型	C		
12	坡位	C		
13	坡向	N	0	°
14	坡度	N	0	°
15	水分条件或潜水位	C		
16	土壤类型	C		
17	土壤厚度	N	1	m
18	枯落物覆盖度	N	1	%
19	枯落物厚度	N	1	cm
20	植被起源	C		
21	群落高度	N	1	m
22	群落盖度	N	1	%
23	群落动态	C		
24	干扰类型	C		
25	干扰强度	C		
26	乔木Ⅰ层高度	N	1	m
27	乔木Ⅰ层盖度	N	1	%
28	乔木Ⅰ层优势种	C		
29	乔木Ⅱ层高度	N	1	m
30	乔木Ⅱ层盖度	N	1	%
31	乔木Ⅱ层优势种	C		
32	乔木Ⅲ层高度	N	1	m
33	乔木Ⅲ层盖度	N	1	%
34	乔木Ⅲ层优势种	C		
35	灌木Ⅰ层高度	N	1	m
36	灌木Ⅰ层盖度	N	1	%

序号	字段名称	字段类型	小数位数	字段单位
37	灌木 I 层优势种	C		
38	灌木 II 层高度	N	1	m
39	灌木 II 层盖度	N	1	%
40	灌木 II 层优势种	C		
41	草本层高度	N	1	m
42	草本层盖度	N	1	%
43	草本层优势种	C		
44	附生植物高度	N	1	m
45	附生植物盖度	N	1	%
46	附生植物优势度	C		
47	藤本植物高度	N	1	m
48	藤本植物盖度	C		%
49	藤本植物优势种	C		
50	地被层高度	N	1	m
51	地被层盖度	N	1	%
52	地被层优势种	C		
53	照片或视频编号	C		
54	备注	C		

3.2.3 乔木层调查数据表

乔木层调查数据表包括 17 个字段，表 3-4 对字段名称、字段类型、小数位数和字段单位等做了详细规定。

表 3-4　乔木层调查数据表的结构及字段定义

序号	字段名称	字段类型	小数位数	字段单位
1	序号	N	0	
2	样格编号	C		
3	样方长	N	0	m

序号	字段名称	字段类型	小数位数	字段单位
4	样方宽	N	0	m
5	样格长	N	0	m
6	样格宽	N	0	m
7	每木检尺起测标准	N	0	cm
8	物种中文名	C		
9	物种学名	C		
10	胸径	N	1	cm
11	高度	N	1	m
12	枝下高	N	1	m
13	冠幅长	N	1	m
14	冠幅宽	N	1	m
15	照片编号	C		
16	标本编号	C		
17	备注	C		

3.2.4 灌木层调查数据表

灌木层调查数据表包括 15 个字段，表 3–5 对字段名称、字段类型、小数位数和字段单位等做了详细规定。

表 3–5　灌木层调查数据表的结构及字段定义

序号	字段名称	字段类型	小数位数	字段单位
1	序号	N	0	
2	样方编号	C		
3	样方长	N	0	m
4	样方宽	N	0	m
5	物种中文名	C		
6	物种学名	C		
7	最大高度	N	1	m

序号	字段名称	字段类型	小数位数	字段单位
8	平均高度	N	1	m
9	最大基径	N	1	cm
10	平均基径	N	1	cm
11	株丛数	N	0	
12	盖度	N	1	%
13	照片编号	C		
14	标本编号	C		
15	备注	C		

3.2.5 草本层调查数据表

草本层调查数据表包括 13 个字段，表 3-6 对字段名称、字段类型、小数位数和字段单位等做了详细规定。

表 3-6　草本层调查数据表的结构及字段定义

序号	字段名称	字段类型	小数位数	字段单位
1	序号	N	0	
2	样方编号	C		
3	样方长	N	0	m
4	样方宽	N	0	m
5	物种中文名	C		
6	物种学名	C		
7	最大高度	N	1	cm
8	平均高度	N	1	cm
9	株丛数	N	0	
10	盖度	N	1	%
11	照片编号	C		
12	标本编号	C		
13	备注	C		

3.2.6 藤本植物调查数据表

藤本植物调查数据表包括 12 个字段，表 3-7 对字段名称、字段类型、小数位数和字段单位等做了详细规定。

表 3-7　藤本植物调查数据表的结构及字段定义

序号	字段名称	字段类型	小数位数	字段单位
1	序号	N	0	
2	样方编号	C		
3	样方长	N	0	m
4	样方宽	N	0	m
5	物种中文名	C		
6	物种学名	C		
7	1.3 m处粗度	N	1	cm
8	攀缘高度	N	1	m
9	长度	N	1	m
10	照片编号	C		
11	标本编号	C		
12	备注	C		

3.2.7 附生／寄生植物调查数据表

附生／寄生植物调查数据表包括 13 个字段，表 3-8 对字段名称、字段类型、小数位数和字段单位等做了详细规定。

表 3-8　附生/寄生植物调查数据表的结构及字段定义

序号	字段名称	字段类型	小数位数	字段单位
1	序号	N	0	
2	样方编号	C		
3	样方长	N	0	m
4	样方宽	N	0	m
5	物种中文名	C		

序号	字段名称	字段类型	小数位数	字段单位
6	物种学名	C		
7	物种高度	N	1	cm
8	附生高度	N	1	m
9	株丛数	N	0	
10	盖度	N	1	%
11	照片编号	C		
12	标本编号	C		
13	备注	C		

3.2.8 地被层植物调查数据表

地被层植物调查数据表包括 12 个字段，表 3-9 对字段名称、字段类型、小数位数和字段单位等做了详细规定。

表 3-9 地被层植物调查数据表的结构及字段定义

序号	字段名称	字段类型	小数位数	字段单位
1	序号	N	0	
2	样方编号	C		
3	样方长	N	0	m
4	样方宽	N	0	m
5	物种中文名	C		
6	物种学名	C		
7	盖度	N	1	%
8	厚度	N	1	cm
9	生活型	C		
10	照片编号	C		
11	标本编号	C		
12	备注	C		

3.2.9 样地物种名录数据表

样地物种名录数据表包括 6 个字段，表 3-10 对字段名称、字段类型、小数位数和字段单位等做了详细规定。

表 3-10　样地物种名录数据表的结构及字段定义

序号	字段名称	字段类型	小数位数	字段单位
1	序号	N	0	
2	样方编号	C		
3	物种中文名	C		
4	物种学名	C		
5	生活型	C		
6	备注	C		

3.2.10 植被照片清单数据表

植被照片清单数据表包括 9 个字段，表 3-11 对字段名称、字段类型、小数位数和字段单位等做了详细规定。

表 3-11　植被照片清单数据表的结构及字段定义

序号	字段名称	字段类型	小数位数	字段单位
1	序号	N	0	
2	文件名	C		
3	照片说明	C		
4	摄像者	C		
5	样地号	C		
6	经度	N	4	°
7	纬度	N	4	°
8	海拔	N	1	m
9	备注	C		

3.2.11 植物标本清单数据表

植物标本清单数据表包括 16 个字段，表 3-12 对字段名称、字段类型、小数位数和字段单位等做了详细规定。

表 3-12   植物标本清单数据表的结构及字段定义

序号	字段名称	字段类型	小数位数	字段单位
1	序号	N	0	
2	标本编号	C		
3	样地号	C	0	
4	物种中文名	C	0	
5	物种学名	C		
6	生境	C		
7	采集地点	C		
8	经度	N	4	°
9	纬度	N	4	°
10	海拔	N	1	m
11	采集人	C		
12	采集时间	D		格式：年-月-日
13	鉴定人	C		
14	鉴定时间	D		格式：年-月-日
15	保存单位	C		
16	备注	C		

3.2.12 野外调查轨迹清单数据表

野外调查轨迹清单表包括 5 个字段，表 3-13 对字段名称、字段类型、小数位数和字段单位等做了详细规定

表 3-13   野外调查轨迹清单数据表的结构及字段定义

序号	字段名称	字段类型	小数位数	字段单位
1	序号	N	0	

序号	字段名称	字段类型	小数位数	字段单位
2	轨迹名称	C		
3	调查人	C		
4	片区	C		
5	备注	C		

3.2.13 土壤调查数据表

土壤调查数据表包括 9 个字段，表 3–14 对字段名称、字段类型、小数位数和字段单位等做了详细规定。

表 3-14　土壤调查数据表的结构及字段定义

序号	字段名称	字段类型	小数位数	字段单位
1	序号	N	0	
2	样品号	C		
3	土层	C		
4	pH	N	1	
5	有机质含量	N	2	g/kg
6	全氮含量	N	2	g/kg
7	全磷含量	N	2	g/kg
8	全钾含量	N	2	g/kg
9	备注	C		

3.2.14 植被样点调查数据表

植被样点调查数据表包括 10 个字段，表 3–15 对字段名称、字段类型、小数位数和字段单位等做了详细规定。

表 3-15　植被样点调查数据表的结构及字段定义

序号	字段名称	字段类型	小数位数	字段单位
1	序号	N	0	
2	样点编号	C		

序号	字段名称	字段类型	小数位数	字段单位
3	群系类型	C		
4	经度	N	4	°
5	纬度	N	4	°
6	海拔	N	1	m
7	调查人	C		
8	调查日期	D		格式：年-月-日
9	照片编号	C		
10	备注	C		

3.3

数据质量检查与评价

对于本专题的植被调查数据，最核心的质量问题：一是垂直带、样方和样点的分布是否可以满足网格质量控制要求（具体见 1.3 部分），是否可以全面反映青藏高原森林和灌丛空间分布格局、群落物种组成和结构特征；二是样地选择的科学性和合理性，对样方内的群落调查是否准确和全面，是否有遗漏，调查方法是否合理，物种鉴别是否准确。而这两点是需要专业的知识去做判断，是质量控制工作的难点。本部分的数据质量检查与评价规范，不涉及上述两点，主要阐述在数据层面的数据质量检查规范，即对数据表的检查规范。对于数据表的审核，主要从数据完整性、规范性、准确性三个方面进行审核。

3.3.1 数据质量单维度评价

（1）完整性。数据完整性主要从两个方面来进行审核：一是样地背景信息数据表是否填写完整，二是数据表中的各个字段是否填写完整，字段的数据项是否空缺。

（2）规范性。物种中文名、学名是否准确（建议参照《中国植物志》填写）。数据类型、数据单位、数据的有效数字、缺失和低于检出限数据的表示方法以及有效数字计算是否符合要求。

（3）准确性。数值与字段的对应性，数据是否在合理阈值范围内。对于土壤分析测试数据，可以通过盲样检测分析数据的准确性。

3.3.2 数据质量多维度评价

由于植被调查数据集特征的多样性以及数据质量的多维度性，调查数据的质量综合评价难度较大。本节仅仅是基于单质量维度评价方面的思考，对植被调查数据综合评价做探索性描述（吴冬秀 等，2012）。

综合评价可以在单维度评价的基础上，采用加权平均法获得。因此，单维度评价是综合评价的基础。根据完整性、规范性、准确性等 n 个质量维度的单维度评分，分别用 S_1，S_2，S_3，$\cdots$，S_n 来表示。各个数据质量维度在整体数据质量中的重要性不尽相同，因此需要根据其重要性的大小，确定各个数据质量维度的权重值。权重值的赋值方法通过专家打分的方式来确定，假定其值分别为 α_1，α_2，α_3，$\cdots$，α_n。数据质量综合评价得分可以用下式表示：

$$S=S_1\times\alpha_1+S_2\times\alpha_2+S_3\times\alpha_3+\ldots+S_n\times\alpha_n$$

数据质量评价报告是数据质量检查与评价过程、方法及结果的综合描述和评述，是数据集质量特性的综合反映。数据质量报告由正文和数据质量评价表构成。数据质量评价报告正文应是质量评价过程、方法和结果的全面记录和描述，包括质量检查与评价的组织、数据集概况、检查方法、评价依据、评价过程、评价规则、质量评述、存在问题及结论等。数据质量评价表是数据质量综合特性统计表，是对数据产品及其组成部分质量特性的描述和反映。

4 激光雷达在森林和灌丛调查中的应用

激光雷达（light detection and ranging，Lidar）是一种新兴的主动遥感技术，能够直接、快速、精确地获取研究对象的三维地理坐标（郭庆华等，2014）。与传统遥感技术相比，其特点是能够穿透植被，获取植被真实的三维结构信息。受益于激光雷达技术的多平台特征以及提供垂直结构信息，该技术能够从局地、景观、区域、全球多个尺度实现对植被的高效、精准的监测，这对于森林和灌丛生态系统的动态监测、准确掌握生态系统现状及其变化具有重要意义。本章主要介绍激光雷达技术原理、地基激光雷达和无人机激光雷达的应用规范、参数提取方法等。

激光雷达测距原理及数据格式

激光雷达获取三维信息的理论基础是激光测距，利用时间飞行原理（time of flight，TOF），以已知速度的激光为测量媒介，通过记录激光从发射到接触目标再返回到接收系统的时间差 t，从而计算传感器和被测物体之间的距离，公式如下：

$$R = \frac{1}{2} \times c \times \Delta t$$

式中，R 为传感器到目标的距离；c 为光在空气传播中的速度；Δt 为时间差（郭庆华，2018）。

目前，激光雷达主要有两种方式实现时间差 Δt 的测算：脉冲式和相位式。脉冲式是利用计时器来记录每一次激光器发射脉冲的时间和接收器接收信号的时间，从而测算时间差 Δt。相位式则是一种连续波的工作机制，利用信号调制技术使得发出激光束叠加了特点频率的波形信号，通过计算接收器接收信号与发射信息之间的相位差，来得到时间差 t。由于原理不同，两种方式的激光雷达在测距方面存在一定差异。总体来说，脉冲式激光雷达测距范围长，扫描速度快；而相位式激光雷达扫描距离短，但测距精度高。

激光雷达获取的数据主要有全波形和离散点云两种形式。其中，全波形数据记录的是单次测距的全部信息；而点云数据是设备厂商根据参数设定，从单次测距的全部信息提取几个重要信息来记录。由于离散点云数据具有很好的可视化效果且容易处理，应用最为广泛。因此，本次青藏高原森林和灌丛调查获取的激光雷达数据将以点云数据的形式进行存储。

与其他遥感手段类似，激光雷达可搭载在不同平台上实现对生态系统的多尺度观测。目前，主要使用的平台包括以下 5 类：星载激光雷达、机载激光雷达、无人机激光雷达、地基激光雷达和背包激光雷达。

4.2.1 星载激光雷达

星载激光雷达以卫星为载体，能够实现洲际尺度的地表信息获取，可以获取大尺度的生态系统参数。第一颗被广泛应用的星载激光雷达数据是冰、云和陆地高程卫星（ice, cloud and land elevation satellite，ICESat）上搭载的地球科学激光测高系统（geoscience laser altimeter system，GLAS）获取到的数据。ICESat 卫星作为美国航空航天局（NASA）地球观测系统（earth observation satellite，EOS）的一部分，于 2003 年在美国加州范登堡空军基地发射升空（图 4-1），2009 年 10 月 11 日停止工作，2010 年 8 月 14 日宣布退役。GLAS 激光光斑是直径大约为 65 m 的椭圆。在同一条轨道内，相邻激光光斑中心点之间的距离大约为 170 m；轨道之间的距离随纬度的增加而减少，在赤道附近间隔为 15 km 左右，而在纬度为 80° 处间隔约 2.5 km。GLAS 记录的是全波形数据，由美国国家冰雪数据中心（national snow and ice data center，NSIDC）处理并发布。ICESat 最初目的是为了测量极地的冰盖厚度变化，由于激光雷达能够反映植被结构信息，因此 ICESat 卫星能够用来估算大尺度的树高（Simard 等，2011）、森林地上生物量（Hu 等，2016）。2018 年，ICESat 的继任者 ICESat-2 和全球生态系统动态调查（global ecosystem dynamics investigation，GEDI）陆续发射，他们的光斑直径更小而且更加密集，能够为更精细的大尺度森林和灌丛动态监测提供数据支持。

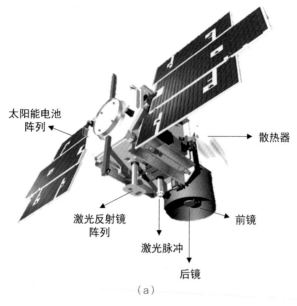

太阳能电池
阵列

散热器

激光反射镜
阵列

前镜

激光脉冲

后镜

（a）

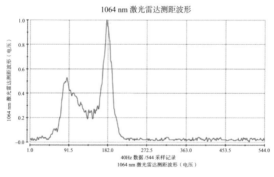

1064 nm 激光雷达测距波形

40Hz 数据 /544 采样记录
1064 nm 激光雷达测距波形（电压）

（b）

图 4-1　ICESat卫星示意图（a，来自NASA）和星载LiDAR获取的数据（b）

4.2.2 机载激光雷达

　　与星载激光雷达相比，机载激光雷达系统主要用于获取景观—区域尺度的生态系统信息。早期的机载激光雷达主要以大光斑激光雷达系统为主，光斑大小在 10~25 m，获取的是波形数据，如 NASA 的陆地、植被和冰传感器（land, vegetation and ice sensor，LVIS）。现在主流的机载激光雷达系统主要以小光斑激光雷达系统为主，光斑大小在亚米甚至厘米级别，能够获取波形数据和点云数据（图4-2）。机载激光雷达已经被证实在获取林下精细地形（Zhao等，2016）、树高（庞勇等，2008）、生物量（Li等，2015）、植被类型图绘制（Su等，2016）上具有极大优势。目前，国际上只有美国国家生态观测网络（national ecological observatory network，NEON）和国家关键带观测（national critical zone observatory，CZO）利用机载激光雷达对其核心站点进行长期观察。由于机载激光雷达作业费用非常昂贵，不适合应用于范围较小的生态系统长期监测。

 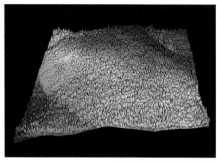

（a）　　　　　　　　　　　　　　　　　（b）

图4-2　机载激光雷达平台（a）和获取的三维点云数据（b）

4.2.3 无人机激光雷达

　　近年来，以陀螺仪、加速度计、压力传感器为代表的微机电系统器件快速发展，机载激光雷达的核心部件出现了小型化和轻型化的版本，再加上无人机飞控技术的成熟，无人机激光雷达系统被成功研发并成为小范围生态系统监测的重要手段之一（图4-3）。相对于机载激光雷达，无人机激光雷达更适合景观尺度的监测；同时受益于较低的飞行高度和较慢的飞行速度，无人机激光雷达系统能够获取更高的激光雷达点密度，能够提取生态系统更细致的三维结构信息；无人机激光雷达系统与机载激光雷达价格相比硬件成本和使用费用非常便宜，而且操作较为便捷，是未来生态站点长期近地面遥感监测的最佳手段 (Guo等，2017；Hu等，2021)。

（a）   （b）

图4-3　无人机机载激光雷达系统（a）和获取的三维点云数据（b）

4.2.4 地基激光雷达

地基激光雷达主要以静态架站式扫描的工作方式为主（图4-4）。由于地基激光雷达扫描射程有限，更适合于获取样方尺度的结构信息。与无人机和机载激光雷达系统相比，地基作业范围较小和工作效率较低。但是，地基

（a）   （b）

图4-4　地基激光雷达平台（a）和获取的三维点云数据（b）

系统也具有无人机和机载系统不可取代的优势：由于地基激光雷达主要是森林冠层下面采集数据，能够获取无人机和机载系统难以全部获取的冠层下方森林精细结构。另外，由于地基激光雷达系统获取的点密度更大，测距精度更高，能够更好地估算叶面积指数（Li 等，2017），还能够用于提取树木更为精细的结构信息，如树木分支数及粗度等。

4.2.5 背包激光雷达

背包激光雷达系统是一种移动式激光雷达扫描系统，其特点是在不采用 GPS 系统的情况下实现激光雷达点云数据的快速、连续获取（图 4-5）。同步定位地图构建（simultaneous localization and mapping，SLAM）是实现背包激光雷达系统的核心技术，该技术主要利用背包激光雷达系统获取运动信息和点云中的特征信息，利用匹配算法实现两个连续状态的点云数据匹配。背包激光雷达系统的数据精度一般在厘米级别，而且获取的点云数据不需要像地基激光雷达一样，后期无需开展拼接工作，大大提高数据的获取效率。

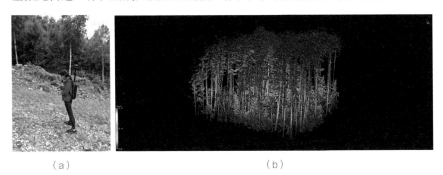

（a）　　　　　　　　　　　　（b）

图 4-5　激光雷达背包平台（a）和获取的三维点云数据（b）

4.3

激光雷达数据获取规范

背包与地基激光雷达数据是在植被样地内采集，样地选择和大小设置的标准以本规范第 2 章规定为依据。确定样方后，首先用 GPS 或差分 GPS 记录样方四角和中心坐标位置，并在四角处架设靶标，用于辅助地基激光雷达拼接以及地基激光雷达数据裁剪。靶标的选取一般要求其对激光具有高反射特征，放置时尽量往高处放，保证树枝和灌木没有遮挡，例如利用花杆和反光片的组合（图 4-6）。如果样地复杂或面积较大，可根据实际情况增加靶标。

对于地基激光雷达平台，主要以三脚架激光雷达扫描仪的方式进行扫描，在获取完一个站点的数据后再移至下一个站点开始扫描。具体架设方式如图 4-7 所示，以 20 m×20 m 的样方为例，从上至下，依次沿着样方边线设置 3 个架次，共 9 个架次。考虑到部分地基激光雷达扫描仪在垂直方向的可视角度不足 180°，为了保证地基激光

图 4-6　背包与地基激光雷达数据获取时使用靶标（标杆+反光片）

雷达能够获取到完整的林冠，需要将传感器倾斜按一定角度对森林进行仰扫。若在森林密集区域，中心区和四周均需加密设站，以保证数据质量。地基激光雷达数据获取后需要进行拼接匹配，为了保证内业拼接效率，在设置靶标的过程中需要提取预判靶标在拟架设站点的可视个数。

对于背包激光雷达平台，得益于 SLAM 算法（simulataneous localization and mapping）的特性，可以一边行走，一边获取数据。在样地中行走时需要注意几个事项：尽量保持匀速行走，

如果样地中有突然起伏的坡地需要缓慢通过，避免背包激光雷达突然的上升和下降；以 Z 字形路径在样地中行走，尽可能实现数据的闭环（图4-7）。

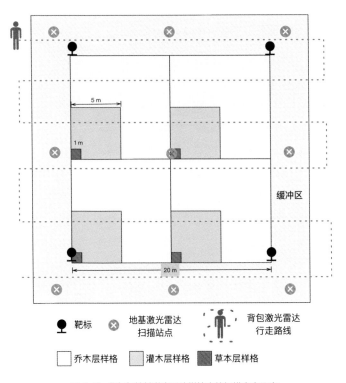

5 m
1 m
缓冲区
20 m

● 靶标　　⊗ 地基激光雷达扫描站点　　背包激光雷达行走路线

□ 乔木层样格　　■ 灌木层样格　　■ 草本层样格

图 4-7　背包与地基激光雷达样地中的扫描方案示意

4.3.2 无人机激光雷达数据的获取规范

　　无人机激光雷达数据获取流程主要分为航线设计、基站布设和数据采集三大步骤。根据样地的分布选取航飞区，依据航飞区大小和地形落差选择合适的作业设备。根据航飞的地形和植被特征规划航线，扫描范围会略大于航飞目标区；在航飞区附近架设 GPS 基站，并确保航飞区在基站的 10 km 范围内，对于同一地区的多次扫描，基站尽量布设在同一位置；根据点云密度设置航飞高度和速度，在确认设备正常后即可在合适作业天气航飞获取激光雷达数据。激光雷达在获取过程中，受天气干扰相对较少，除雨、雪、雾、沙尘、大风等恶劣天气外，均可直接作业。激光雷达在开始作业前，需要将设备静止一段时间（通常 10 分钟左右），确保惯性导航单元开始工作且航向角误差处于可接受范围内，才能起飞。与光学遥感不同，无人机激光雷达在起飞后需要绕"8 字"来减少 IMU 的误差，绕"8 字"结束后即可进入航线获取数据。青藏高原地区的海拔较高，由于空气稀薄，无人机的性能会下降很多，需要预留更多的电量保持航飞安全，同时在海拔高度过高时将多旋翼无人机的机桨换成高原桨（图 4-8）。

航飞结束后，将获得的基站 GPS 数据和惯性测量单元（inertial measurement unit，IMU）数据进行解算，生成无人机飞行过程中每一时刻的精准航飞位置和姿态信息。然后，与激光雷达系统获取的点云数据进行联合解算，得到测区内点云的真实三维坐标信息（Guo 等，2017）。由于无人机在不同航带上的数据会存在误差，需要根据航带数据之间的重叠区域对数据进行航带拼接，通过平差模型消除航带间的系统性误差，最后以航飞区范围为掩膜裁剪出最终点云数据。

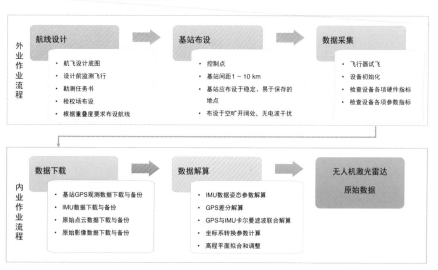

图 4-8　无人机激光雷达数据获取流程

4.4.1 背包与地基激光雷达数据的生态参数提取

由于背包激光雷达和地基激光雷达均在地面获取，其数据处理过程较为相近。但是，由于地基激光雷达是单站获取，需要将不同站点的数据拼接到统一的坐标系下才能开展后续数据处理。在获取的背包激光雷达数据和拼接好的地基激光雷达数据基础上，需要利用软件或编程方法进行去噪（去除异常值）和滤波（标记地面点）的预处理，之后可以利用滤波后分类出的地面点插值生成数字高程模型（digital elevation model，DEM）并对获取的点云进行归一化，即每个点减去对应的 DEM 值用于消除地形对后续参数提取的影响。

归一化后的点云是进行生态参数提取的基础，可以利用单木分割算法（Tao 等，2015）实现每棵树点云的划分，之后则可以提取树高、胸径、枝下高、叶面积指数、生物量等生态参数：通过统计单木点云的最高点即为该树的树高；截取胸高位置的点云，采用圆形拟合的方法即可计算胸径；基于胸径和树高，利用异速生长方程估算地上生物量，或者基于单木点云利用估算树木体积结合树种密度来估算地上生物量。此外，还可利用骨架线提取算法在单木分割后的点云基础上，提取树木枝干的骨架并计算分枝数和各级枝的粗度。

4.4.2 无人机激光雷达数据的生态参数提取

在获取研究区的点云数据后，需要对无人机激光雷达数据进行噪声去除，消除由于鸟、其他高反射地物或者多路径效应导致的粗差点，去噪方法可以选择基于统计的去噪方法。在此基础上，采用滤波算法从无类别的点云中识别出地面点。滤波完成后，可以利用点云数据中的地面点插值生成 DEM 以及利用首次回波插值生成冠层表面模型（digital surface model，DSM），最后可将 DSM 减去 DEM 则生成冠层高度模型（canopy height model，CHM），即研究区的冠层高度分布信息。

　　无人机获取的点云数据也需要归一化处理才能获取更多的数据，如冠层覆盖度、孔隙率、叶面积指数等。无人机激光雷达数据还可以提取单木信息，通常可以采用点云分割算法（point cloud segmentation，PCS）实现单木分割和基于CHM的分水岭算法，在分割结果上可以计算单木树高、冠幅、枝下高、树冠体积等。

　　此外，无人机激光雷达数据和机载数据还可以基于地面观测采用回归的方法估算整个测区的生态参数。通过样方位置、大小和形状来获取对应范围内的点云数据，并从点云数据中提取高度百分位、强度信息等结构参数，构建实测值与这些参数的函数关系然后估算整个测区的参数。

参考文献

陈龙，2016. 阴山山脉植被及其分布格局 [D]. 呼和浩特：内蒙古大学.

丁明军，张镱锂，刘林山，等，2010. 1982—2009 年青藏高原草地覆盖度时空变化特征 [J]. 自然资源学报，25（012）：2114–2122.

马明哲，申国珍，熊高明，等，2017. 神农架自然遗产地植被垂直带谱的特点和代表性 [J]. 植物生态学报，41（11）：1127–1139.

方精云，王襄平，沈泽昊，等，2009. 植物群落清查的主要内容、方法和技术规范 [J]. 生物多样性，17(06)：533–548.

郭庆华，刘瑾，陶胜利，等，2014. 激光雷达在森林生态系统监测模拟中的应用现状与展望 [J]. 科学通报，59（6）：459–478.

郭庆华，2018. 激光雷达森林生态应用——理论、方法及实例 [M]. 北京：高等教育出版社.

郭柯，方精云，王国宏，等，2020. 中国植被分类系统修订方案 [J]. 植物生态学报，44（2）：111–127.

吴冬秀，韦文珊，宋创业，等，2012. 陆地生态系统生物观测数据质量保证与质量控制 [M]. 北京：中国环境科学出版社.

金时超，胡天宇，苏艳军，等，2021. "绿途" 系统：公民科学时代的植被调查制图新工具 [J]. 中国科学·生命科学，51(3)，362–374.

庞勇，赵峰，李增元，等，2008. 机载激光雷达平均树高提取研究 [J]. 遥感学报（1）：152–158.

宋永昌，2001. 植被生态学 [M]. 上海：华东师范大学出版社.

吴冬秀，张琳，宋创业，等，2019. 陆地生态系统生物观测指标与规范 [M]. 北京：中国环境出版集团.

谢宗强，唐志尧，刘庆，徐文婷，2019. 中国灌丛生态系统碳收支研究 [M]. 北京：科学出版社.

于伯华，吕昌河，吕婷婷，等，2009. 青藏高原植被覆盖变化的地域分异特征 [J]. 地理科学进展，28（3）：391–397.

张戈丽，欧阳华，张宪洲，等，2010. 基于生态地理分区的青藏高原植被覆被变化及其对气候变化的响应 [J]. 地理研究，29（011）：2004-2016.

张镱锂，刘林山，李炳元，等，2021. 青藏高原界线 2021 年版数据集 [DB/OL]. 全球变化数据仓储电子杂志 .https://doi org/10.3974/geodb.2021. 07. 10.V1. CSTR:20146.11.2021.07.10 V1

张镱锂，李炳元，刘林山，等，2021. 再论青藏高原范围 [J]. 地理研究，40(6)：1543-1553.

张镱锂，李炳元，郑度，2014.《论青藏高原范围与面积》一文数据的发表——青藏高原范围界线与面积地理信息系统数据 [J]. 地理学报，69:65-68.

张镱锂，李炳元，郑度，2014.《论青藏高原范围与面积》一文数据的发表：青藏高原范围界线与面积地理信息系统数据 [DB/OL]. 全球变化科学研究数据出版系统 . DOI: 10.3974/ geodb.2014.01.12.v1，http://www.geodoi.ac.cn/doi.aspx?doi=10.3974/ geodb.2014.01.12.v1.

Condit R, 1998. Tropical forest census plots：methods and results from Barro Colorado Island, Panama and a comparision with other plots[M]．Springer, Berlin.

Food and Agriculture Organization (FAO), 2010. Global forest resources assessment [EB/OL]. www.fao.org/forestry/fra/fra2010/en/.

Guo Q H, Su Y J, Hu T Y,et al, 2017. An integrated UAV-borne lidar system for 3D habitat mapping in three forest ecosystems across China[J]. International Journal of Remote Sensing, 38(8-10)：2954-2972.

Hu T Y, Su Y J, Xue B L, et al, 2016. Mapping global forest aboveground biomass with spaceborne Lidar, optical imagery, and forest inventory data[J]. Remote Sensing, 8(7)：565.

Hu T Y, Sun X L, Su Y J, et al, 2021. Development and performance evaluation of a very low-vost UAV-lidar system for forestry applications[J]. Remote Sensing, 13(1)：77.

Hu T Y, Sun X L, Su Y J, et al, 2017. Retrieving the gap fraction,element clumping index，and leaf area index of individual trees using single-scan data from a terrestrial laser scanner[J]. ISPRS Journal of Photogrammetry and Remote Sensing,

130：308–316.

Li L, Guo Q H, Tao S L, et al, 2015. Lidar with multi–temporal MODIS provide a means to upscale predictions of forest biomass[J]. ISRS Journal of Photogrammetry and Remote Sensing, 102：198–208.

Marc S, Naiara P, Joshua B F, et al. 2011. Mapping forest canopy height globally with spaceborne Lidar[J]. Journal of Geophysical Research: Biogeosciences, 116(G4)：G04021.

Nobis M, Gudkova P D, Nowak A, et al, 2020. A Synopsis of the Genus Stipa (Poaceae) in Middle Asia, Including a Key to Species Identification, an Annotated Checklist, and Phytogeographic Analyses[J]. Annals of the Missouri Botanical Garden,105(1)：1–63.

Qiao X G, Guo K, Li G Q, et al, 2020. Assessing the collapse risk of Stipa bungeana grassland in China based on its distribution changes[J]. Journal of Arid Land, 12(2)：303–317.

Roberts–Pichette P, Gillespie L, 1999. Terrestrial vegetation biodiversity monitoring protocols[M]. Burlington, Ontario, Canada：142.

Su Y J, Guo Q H, Fry D L,et al, 2016. A vegetation mapping strategy for conifer forests by combining airborne lidar data and aerial imagery[J]. Canadian Journal of Remote Sensing, 42(1)：1–15.

Tao S L, Wu F F, Guo Q H, et al, 2015. Segmenting tree crowns from terrestrial and mobile LiDAR data by exploring ecological theories[J]. ISPRS Journal of Photogrammetry and Remote Sensing, 110：66–76.

Zhao X Q, Guo Q H, Su Y J, et al, 2016. Improved progressive TIN densification filtering algorithm for airborne LiDAR data in forested areas[J]. ISPRS Journal of Photogrammetry and Remote Sensing, 117：79–91.